JN063496

まえがき

　法律というものをどう読むか、水道法というのはどういう法律なのか、全体を概観することで多少なりとも水道法というものに親近感を持ってもらえるようにならないかという企画意図でまとめたものが、この「水道法ガイドブック」になります。水道法の該当部分、各条を読む前に、少しばかりの時間をもらい、このガイドブックにおつきあいいただき、全体像から入っていただければ、難しく読みにくいと感じる法律が、少しばかり別の姿を見せてくれると思います。

　水道法の具体解釈や適用方法については、「水道法逐条解説（日本水道協会）」や「水道関係判例集（日本水道協会）」など優れた図書があります。具体解釈や詳細解説はそちらに譲り、こちらは、水道法を読むためのガイド役になれればと思います。

　本書は、あくまで専門書を開く前の導入のみを意図するものですし、理解のために正確性を多少犠牲にした「誤解を恐れずにいうと」というものです。あくまでその範囲、理解のための図書としてお読みいただきたいと思います。

水道法制研究会

水道法ガイドブック
目次

令和元年10月1日対応

第1章　法律の読み方

　「法律は難しい。」よく聞く話です。確かに難しい面もありますが、それ以前に、法律を読むための基本ルール、法律の文法に触れる機会がないことが、その大きな理由と思われます。法律用語や法律の構成、そして、書き方である文法といったものの要点を知ることによりその問題は解決できます。実際に水道法の内容に入る前に、水道法を例にとり法律の読み方について触れておきます。

（1）法律の構成

　まずは、「法令」という用語についてです。「法令」と言った場合、法律だけでなく、そこから委任を受けた「政令」、「省令」といったもの全体を指します。「法令」の"法"は、立法機関である国会で成立したものです。"令"は、一般的に法律の委任を受けて行政府が定めるもので、国という行政府全体で定めるものを「政令（施行令）」、各省が定めるものを「省令（施行規則）」といいます。

　次に法・法律の具体構成に進みます。法律には、法律名とその創設時の公布日、法律番号が記載されます。水道法の場合、「水道法（昭和32年6月15日法律第177号）」となります。

　その後に法律の本文が続きます。この法律の本文は、「章」～「条」～「項」～「号」と階層をもって表記されます。

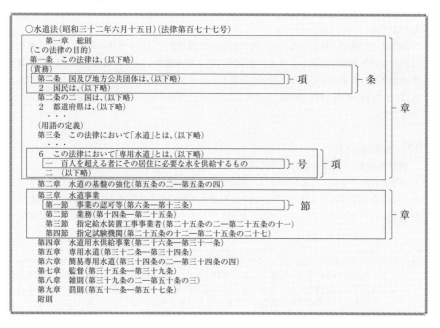

1

　「章」は、その名の通り「第○章」と、以下に続く「条」を関連するひとまとまりにして表記するものです。水道法の第一章は「総則」となっています。

　「条」もその名の通り、「第○条」と表記されるもので、以下に続く幾つかの「項」をまとめたものです。水道法第一条は（この法律の目的）という見出しがつけられていて「項」が一つで構成されています。第二条は（責務）という題目で「項」が二つで構成されています。（詳細は次に。）

　「条」（条に限らずですが）には、改正の結果として「第○条の２」といった通称"枝番"と呼ばれる表記になるものがあります。この枝番があっても、法律上の位置づけは通常の「第○条」とまったく同じです*）。

　水道法第二条の二は第二条の見出し（責務）と共通する「条」で、昭和52年改正で追加されたことから、このような表記となっていますが、当初から規定されていれば第三条となるべきものということになります。

　「項」は、算用数字（2，3，……）で表されます。「第１項」は、「第○条」以下のものを指し、算用数字の1は省略されています。「第○条」といった場合は、２以下の項も含めた意味で、「第○条」以下の部分を指す場合、「第○条第１項」といいます。水道法第２条は「国及び地方公共団体は、……」の第１項と、「国民は、……」以下の第２項の全体を指すということになります。

　「号」は、「項」の中で漢数字で表記されるもので、具体内容を箇条書きで列挙する場合に用いられます。水道法では第三条（用語の定義）が初出で、水道法第三条第六項第一号として「一　百人を超える者に……」があり、同第二号に「二　その水道施設の……」があります。

　法律は一般的に、最初に法目的、次に用語の定義がきて、以下具体の規定、そして最後に罰則という順序で記述されます。水道法の場合昭和32年という時期もあってか、「関係者の責務」の規定がきてから「用語の定義」となっています。ちなみに今流の見出しであれば、（この法律の目的）は単に（目的）ですし、（用語の定義）も単に（定義）となるところです。

（2）法律の読み方
①前から読む（法律は前から読むもの）

　実用上、法律を読もうとする場合、関係する条項を探して読むことになろうと思いますが、このような読み方自体が法律の読み方にそぐわないことになります。映画や小説を読むときに、クライマックスシーンだけを読んでもよく分からないのと同じように、法律も

＊）　きちんと番号を振り直せばいいのにと思われるかも知れませんが、この枝番を採用しないと、これ以下の条の番号が変更される（ずれる）ことになり、その条項を引用するところを全て改正しなければならなくなります。その法律内もそうですが、他法令において引用されることもあり、改正作業を簡素化するための立法技術です。

部分読みを想定してできた文章ではありません。法律の場合、条項ごとに独立し、更に法律の構成で述べたとおり、「条・項・号」の階層をもって独立した構成となっているため、部分読みもできそうに思えるかも知れません。しかし、法律も普通の文章同様、第一条から順に前から読むことを前提に作られています。水道法を理解するということを前提にして、一度、頭から通読されることをお勧めします。水道法程度の文章量であれば読めないものではありません。それが億劫だと思われる方のために第二章２－２に水道法の口語訳（P５～）をつけましたので、参考にしてください。

②『（　）書き』や『「ただし、…」』を外して読む

　法律は、誰に対してどのような権利義務関係を規定するかが基本となります。このため、対象者を明確に記述する必要があり、その条件を記述するため、（　）書きや「ただし、…」といった記述がたくさん出てきます。

　あくまで対象者を限定したり、そこから後の条項の読み方を制限するものであって、全体的な法律の意味を理解する上では、あまり気にするべきものではないのです。全体理解というレベルであれば、一旦、これらの記述を忘れて（黒塗りでもして）残った部分だけを読んでみると意外とすんなり理解できるものです。

③用語の定義を読む

　理解がしにくいと思わせる要因の一つに、用語そのものに対する理解と慣れがあります。主なる用語の定義は、水道法第三条（用語の定義）にあります。これをきちんと理解するのはもちろんですが、条項の中に「（以下、「○○」という。）」といった記述で、言い換えの形で用語の定義をしている場合がありますので、これも含めて“用語集”を作っておくと読みやすくなるかと思います。

　例えば、第五条の二第２項第三号にある「水道事業及び水道用水供給事業（以下「水道事業等」という。）」や第五条の三第１項にある「水道の基盤の強化に関する計画（以下この条において「水道基盤強化計画」という。）」といったものです。

　定義がされていない言葉の意味は、当然、一般的な意味と理解してもらえれば十分です。法律案の審査の際には、広辞苑での説明を基本にしますので、これを参考に意味を理解すればいいでしょう。

④目次を作る

　一般的に法律の目次は、章の単位だけとなっています。これを見るだけでも全体構成が見えて法律構造の理解は進みますが、これに加えて、条の見出しを並べて目次を作ってみましょう。個々の規定がどの章に位置するものか、章単位の前後関係や各章ごとの前後関係などから、規定の位置づけが分かり、全体の理解とともに個々の規定の意味が分かりやすくなります。

⑤主語に注目する

　個々の条項を読むとき、当然ではありますが、主語に注目しましょう。一般の文章と異なり、法律の場合、主語が省略されることはありません。主語は必ず明記されていて、それを意識することで法律で規定されている内容が、誰に向けられてのものなのかが分かります。

　例えば、自分に関係する条項だけを見たいといった場合、自分が何に当たるかを意識して、その主語のところだけを抜き取ればいいことになります。例えば、「水道事業者」としての自分とか、「水道用水供給事業者」としての自分とかということです。「水道事業者である自分」に関する部分であれば、「水道事業者は」というところを見ていけば分かりますが、「地方公共団体」としての規定は別にあるかもしれませんし、それ以外にも一個人としての責務として「国民」があったりしますので、このあたりを認識した上でのことです。

第2章　水道法の概要

2－1　水道法の構成

　水道法の内容の具体に進みます。

　水道法は、9章構成の法律となっています。

第一章　総則	第二章　水道の基盤の強化	第三章　水道事業
第四章　水道用水供給事業	第五章　専用水道	第六章　簡易専用水道
第七章　監督	第八章　雑則	第九章　罰則

　総則は、水道法全般、水道全般に関連する規定群で、以下個別の水道若しくは事業に関する章が続きます。第七章には行政措置・命令などの監督行為が規定され、第八章はその他の規定、最後の第九章に規制・監督の規定に違反した際の罰則があります。

　第一章の総則を見てみましょう。

第一条　この法律の目的
第二条、第二条の二　責務
第三条　用語の定義
第四条　水質基準
第五条　施設基準

　ここまで見るだけで、法律の目的と用語集、さらに各者の責務、さらには、総則という水道全体を扱う位置に水質基準と施設基準があることが分かります。この両基準の条文を見ると、水道の持つべき要件として規定されていることが分かります。

　ここから先は、個々の水道や事業の区分ごとの個別規定となっています。

2－2　水道法の口語訳

　まずは、水道法のハードルを下げるため、次の口語訳（？）を読んでください。言葉を平易にして、細かい点を省略すれば、水道法はそんな難しい法律ではありません。大した分量ではないので、まずは、全体を把握するつもりで読んで見ましょう。

（段落の数字は内容に対応する主なる条文を示す。）

〔総則〕

1　水道法は、水道の整備と管理を適正で合理的なものとし、水道の基盤強化を図ることで清浄、豊富、低廉な水を供給し、公衆衛生の向上、生活環境の改善に寄与することを目的とします。

2　国と地方公共団体は、国民の健康な生活に欠かせないものであり、限りある水資源であることを認識した上で、水源や水道施設などを清潔に保ち、水の適正利用のために施策を講じなければなりません。国民は、これに協力し、自らも努力しなければなりません。

2－2　国は、水道基盤強化のための基本的・総合的な施策を策定し推進し、都道府県・市町村や水道事業者等に技術的・財政的援助に努力しなければなりません。都道府県は広

域連携の推進など水道基盤強化に関する施策を策定、実施に努力しなければなりません。市町村は、市町村内の水道事業者間の連携推進などに努めなければなりません。水道事業者は、経営の適正化、能率化により、基盤強化に努めなければなりません。

4　水道水は、衛生的で毒性をもたず、生活用水として支障がない無味無臭無色でなければなりません。

5　水道は、原水、地理的条件、水道の形態に応じて、取水施設、貯水施設、導水施設、浄水施設、送水施設、配水施設を持ち、以下の要件を備えなければなりません。

　取水施設は、できるだけ良質原水を必要量取水できるものであること。

　貯水施設は、渇水時においても必要量の原水を供給する能力を持つこと。

　導水施設は、必要量の原水を送るのに必要なポンプ、管などを持つこと。

　浄水施設は、原水の水質水量に応じて、水道水の要件を満たす浄水を得るため、ちんでん池、ろ過池その他の設備を持ち、消毒設備を必ず備えること。

　送水施設は、必要量の浄水を送るのに必要なポンプ、管などの設備を持つこと。

　配水施設は、必要量の浄水を一定以上の圧力で常時供給できる配水池、ポンプ、管などを持つこと。

　水道施設の配置は、給水の確実性を考慮して、整備・維持管理が容易で経済的なものとなるようにしなければなりません。

　水道施設の構造・材質は、水圧、土圧、地震力などの加重に充分な耐力を有し、水質汚染、漏水のおそれがないものでなければなりません。

【水道の基盤強化】

5-2　厚生労働大臣は水道基盤強化の基本方針を定めます。

5-3　都道府県は水道基盤強化計画を定めることができます。

5-4　都道府県は広域的連携等推進協議会を組織できます。

水道事業の認可

6　水道事業とは、一般住民に給水するための事業です。このような水道事業を経営するには厚生労働大臣の認可が必要です。水道事業は原則市町村が経営するもので、市町村以外の者の場合、市町村の同意がある場合だけ水道事業の経営ができます。

7　申請の際は、事業計画書、工事設計書その他の書類を提出する必要があります。

8　事業認可は、給水区域が重複せず、合理的で施設基準（5）に適合していることなどが必要です。

10　水道事業者は、区域拡張、給水人口・給水量の増加、水源の変更、浄水方法の変更について変更認可が必要です。

11　水道事業の休止、廃止は勝手にできません。休止、廃止の前に厚生労働大臣の許可が必要です。ただし、他の水道事業者に全事業を譲渡して、水道事業そのものが継続される場合については、許可に代わって届出となります。

12　水道の布設工事については、職員を指名して監督させなければなりません。

13　配水施設以外の水道施設の新設・増設・改造を行ったときは、給水前に厚生労働大臣に届出た上で、水質検査・施設検査を行わなければなりません。

水道事業の業務

14　水道事業の認可を受けた者を水道事業者といいます。水道事業者は、料金など供給の（契約）条件を供給規定として定め、周知しなければなりません。料金変更について、地方公共団体の場合は厚生労働大臣に届出、それ以外の場合は許可を受けなければなりません。

15・16　水道事業者は、事業計画書にある給水区域内の契約申し込みを拒否できません。正当な理由がない場合、常時、給水の義務を負います。正当な理由で給水を停止するときは、基本的に事前に関係者に周知しなければなりません。

　利用者が水道に接続するための屋内配管などの給水装置が基準に適合していないときなどは給水を停止することができます。

19　水道事業者は、技術面での水道管理の責任者として水道技術管理者を置かなければなりません。

20　水道事業者は、定期・臨時に水質検査を行わなければなりません。

24　水道には、消防のための消火栓を設置しなければなりません。

25　水道事業者は、利用者に対して事業情報を提供しなければなりません。

水道用水供給事業

26　水道用水供給事業とは、水道事業者に水道水を供給する事業をいいます。この水道用水供給事業を経営しようとする者は、水道事業を経営しようとする者と同様に、厚生労働大臣の認可を受けなければなりません。

専用水道

32　社宅用の自家用水道など特定の利用者に限定して給水する水道を専用水道といいます。この専用水道を設置しようとする者は、施設基準に適合しているかどうかについて、都道府県知事の確認を受けなければなりません。

簡易専用水道

34−2　水道事業からだけ水道水を受けて給水する、マンションや団地などの水道を簡易専用水道といいます。この簡易専用水道の設置者は、基準に従って管理し、検査を受けなければなりません。

2－3　水道法の要点

（1）法目的

　「水道の布設及び管理を適正かつ合理的ならしめるとともに、水道の基盤を強化することによって、清浄にして豊富低廉な水の供給を図り、もつて公衆衛生の向上と生活環境の改善とに寄与することを目的とする。」としています。

　目的は「公衆衛生の向上と生活環境の改善」です。このための手段として「清浄・豊富・低廉な水の供給」を行うこととして、それを実現するために、施設整備とその管理を適正・合理的に行い、その基盤強化を求めています。ここにある「公衆衛生の向上」は、厚生労働省設置法にある厚生労働省の任務として掲げられているもので、最終的な目的はそれを所管する府省の任務に帰結することになります。

　「清浄」は、「安全」に加えて無色・透明など水道水の用途として障害にならないことを求めていますし、これを「豊富」にと量的な確保、また「低廉」として安価に提供することを求めています。このような条件を満たす形で水供給をしようとすれば、当然、施設の適正・合理的整備と管理をしなければならないという内容で、これに「基盤強化」を加えて持続性を求めているものです。

（2）「水道」の定義

　水道法では、「水道」を以下のように定義しています。

　「この法律において『水道』とは、導管及びその他の工作物により、水を人の飲用に適する水として供給する施設の総体をいう。ただし、臨時に施設されたものを除く。」

　水道は、「管を主体とした施設の総体」としていて、「飲用に適する水を供給するもの」としています。管を基本としたもので、それ以外の形態の水供給施設、例えば井戸単体のようなものは水道の範疇とはしていません。また「飲料水供給」とせず「飲用適の水供給」とすることで、飲み水以外の生活用水の供給を排除していないことが分かります。

　また、「水道」はあくまで「施設」そのものを指すのであって、誰のどのような管理下に置かれているか、事業との関係を不問にしているところも重要なところです。

　「水道」の他に「水道施設」を別に定義していて、この「水道施設」は、水道という施設のうち、水道事業者、水道用水供給事業者、専用水道設置者の管理下にあるものとしていて、「水道」より「水道施設」の方が小さな概念であることに注意が必要です。水道事業を例にとれば、「水道施設」と「給水装置」の総体が「水道」ということになります。（「給水装置」は定義から、水道施設のなかの配水施設から分岐した直結の給水管、給水用具を指します。）

（3）水道の要件と規制

　水道の定義に加え、水道が持つべき要件を示したものが「水質基準」と「施設基準」です。

　「飲用適な水」というのは具体的にどういうことなのか、「施設の総体」というがその施

設とはどういった要件を備えるべきものなのか、これを具体的に示しているのが水質基準と施設基準ということになります。

この点から水道法全体を見てみると、「水道は全て水質基準と施設基準を満たさなければならない。しかしながら、それに対する規制の程度、有無も含めて規制の強度は水道の規模、影響範囲の大小による」といっていることが読み取れます。

①水質基準

主語が「水道により供給される水」となっており、どのような水道の水道水にも適用されるものです。水道の定義から「人の飲用に適する水」であって、その具体要件が規定されています。衛生的であること、毒性がなく安全であること、不純物を過剰に含まないこと、異常な酸性・アルカリ性を呈さず無味無臭・無色透明であることとされています。

②施設基準

主語が「水道」となっており、人の飲用に適する水を供給する導管等の施設総体にあまねく適用されます。施設基準では、水道を「取水施設」「貯水施設」「導水施設」「浄水施設」「送水施設」「配水施設」に区分して、それらの有すべき要件を定めています。

このような水質基準、施設基準を満たすべき水道について、具体的にどのような規制手法をとるか、規制するかしないかも含めて、個々の水道の区分に応じてその手法を選択するというのが水道法の構造になっています。

具体的には、水道事業と水道用水供給事業は認可を基本とした『事業規制』、専用水道は確認を基本とした『施設規制』、簡易専用水道は"自主"管理を基本とした『検査義務』。このように、それぞれの事業規模や供給先の特性に応じて、規制の強度を変えていることがわかります。水道事業から簡易専用水道までに当たらない小規模なもの、これについては利用者の直接監視に委ねるという意味での自己責任・未規制としています。

規模が大きく不特定な利用者に応じるもの、言い換えれば利用者にとって遠い存在となるような水道については強い規制を求め、利用者にとって目の前でその状態、状況が把握できるものになればなるほど規制が弱まり、井戸のような個人で設置・管理するようなものやそれに近いものは無規制、自己責任で管理してほしいというのが水道法の基本的な考え方と言えます。

（4）水道の区分と管理責任

水道事業に用いられる水道を例に、水道の区分と管理責任を簡単にまとめたいと思います（このような言い方にならざるを得ないのも、水道の定義を知るとわかってくると思います。水道の定義が、水道法で用いられる水道関連の用語で最も範囲の広いものだからです）。

まずは水道と水道施設の違いから入りましょう。「水道施設」は、第三条（用語の定義）

にあるように、水道より範囲の狭い施設の定義になっていて、「水道事業者の管理に属するものをいう」とされています。

　それでは、水道であって水道施設でないものは何か？それは「給水装置」といわれるものです。これも第三条の用語の定義にありまして、いわゆる家屋内の配管と蛇口などです。

　個人宅の屋内配管は、当然、水道事業者の管理するものではありません。所有・管理とも、その家の所有者もしくは居住者ということになります。水道事業者側で管理しているのは取水施設から配水管までで、この配水管から分岐する「給水管」と、それに直結されている給水用具（蛇口や給湯器）が給水装置です。

　「管理に属するものをいう」というのも一つのポイントで、水道施設は必ずしも水道事業者の所有を求めるものではない、ということもわかります。水道事業者に直接的な管理を求められる水道施設、個人の管理下におかれる給水装置、これらの総体が「水道」ということになります。

　このような水道法の構成が分かると、「水質基準は誰がどこで守るべきものか」も理解できるはずです。水質基準は水道が持つべき属性ですから、当然、末端である蛇口から出たところで守られるべきものです。しかし、その蛇口部分は個人資産・個人管理です。給水装置の手前までは水道事業者の管理下ですから、その範囲の水質を守ることは当然で、加えて、給水装置については水道事業者の強い措置が認められています。これにより「水道事業者は蛇口で水質基準を遵守する義務がある」と解されます。

（5）水道法の体系（法律と政省令・告示）

　水道法本体の他に水道法の内容の詳細を規定する政省令や告示があります。水道法の場合、政令は「水道法施行令」の一つですが、省令や告示が幾つかに分かれて出されています。また、省令・告示については、水道法を直接の根拠にするもの、政令を直接の根拠にするものなどに分かれます。

　これらを整理すると次の頁の表になります。

水道法	政令	省令	告示
水道法（下欄に示す条項以外全般）	○水道法施行令	○水道法施行規則	○水道法施行規則第十四条第三号の登録した旨を公示する件〈水道技術管理者登録講習〉
			○簡易専用水道の管理に係る検査の方法その他必要な事項
		○給水装置の構造及び材質の基準に関する省令	○給水装置の構造及び材質の基準に係る試験
水質基準（第 4 条）		○水質基準に関する省令	○水質基準に関する省令の規定に基づき厚生労働大臣が定める方法
施設基準（第 5 条）		○水道施設の技術的基準を定める省令	○資機材等の材質に関する試験
基本方針（第 5 条の 2）			○水道の基盤を強化するための基本的な方針
指定試験機関の指定（第25条の12）〈給水装置〉		○水道法第二十五条の十二第一項に規定する指定試験機関を指定する省令	

水道法　目次

水道法の概要

1．目的（第1条）

　　水道の布設及び管理を適正かつ合理的にならしめるとともに、水道の基盤を強化することによって、清浄にして豊富低廉な水の供給を図り、もって公衆衛生の向上と生活環境の改善とに寄与することを目的とする。

2．責務（第2条、第2条の2）

　（1）国
　　①水源及び水道施設とその周辺の清潔保持。
　　②水の適正かつ合理的な使用に関し必要な施策を講ずる。
　　③水道の基盤強化に関する施策の策定・推進。
　　④都道府県・市町村・水道事業者等に対する技術的・財政的援助に努める。
　（2）地方公共団体
　　①水源及び水道施設とその周辺の清潔保持。
　　②水の適正かつ合理的な使用に関し必要な施策を講ずる。
　（3）都道府県
　　広域的な水道事業者等の間の連携等の水道の基盤強化に関する施策の策定・実施に努める。
　（4）市町村
　　区域内における水道事業者等の間の連携等の水道の基盤強化に関する施策の策定・実施に努める。
　（5）水道事業者等
　　経営する事業を適正かつ能率的に運営、その事業の基盤強化に努める。
　（6）国民
　　①国・地方公共団体の施策に協力する。
　　②水源及び水道施設・その周辺の清潔保持に努める。
　　③水の適正かつ合理的な使用に努める。

3．用語の定義（第3条）

　　①水道：導管及びその他の工作物により、水を人の飲用に適する水として供給する施設の総体。
　　②水道事業：一般の需要に応じて水道により水を供給する事業（計画給水人口101人以上）。
　　③簡易水道事業：水道事業のうち計画給水人口が5千人以下である水道により水を供給する事業。
　　④水道用水供給事業：水道により水道事業者に対してその用水を供給する事業（分水を除く）。
　　⑤専用水道：寄宿舎、社宅、療養所等における自家用の水道その他水道事業の用に供する水道以外の水道で次に該当するもの。
　　　・百人を超える者にその居住に必要な水を供給するもの。
　　　・その水道施設の一日最大給水量が政令で定める基準（20㎥）を超えるもの。

⑥簡易専用水道：水道事業の用に供する水道及び専用水道以外の水道であって、水道事業の用に供する水道から供給を受ける水のみを水源とするもの。

⑦給水装置：需要者に水を供給するために水道事業者が施設した配水管から分岐して設けられた給水管及びこれに直結する給水用具。

4．水質基準（第4条）

水道による供給される水は水質基準に適合すること。

5．施設基準（第5条）

水道は、原水の質及び量、地理的条件、当該水道の形態等に応じ、取水施設、貯水施設、導水施設、浄水施設、送水施設及び配水施設の全部又は一部を有すべきものとし、施設基準に適合すること。

6．水道の基盤強化（第5条の2～第5条の4）

（1）厚生労働大臣は、水道の基盤強化のための基本方針において基盤強化に関する基本的事項、施設の維持管理・計画的な更新、健全な経営の確保、人材確保・育成、広域連携の推進等を定める。

（2）都道府県は、計画区域における水道の基盤強化に関する計画を定めることができる。

（3）都道府県は、広域連携の推進等のため、都道府県、市町村、水道事業者等を構成員とする広域的連携等推進協議会を組織することができる。

7．水道事業

（1）事業認可等

①水道事業は、市町村経営を原則（市町村の同意により他者の経営が可能。）とし、厚生労働大臣の認可が必要（給水計画人口5万人以下の事業については都道府県知事の認可）（第6条）。

②認可の申請及び認可基準等（第7条～第9条）。

③事業の変更の認可（第10条）。

④事業の休止及び廃止の許可（第11条）。

⑤布設工事監督者の資格制度（第12条）。

⑥給水開始前の厚生労働大臣等への届出及び検査（第13条）。

（2）給水義務等

①水道事業者は、料金、給水装置工事の費用の負担区分その他の供給条件について、供給規程を定めなければならない（第14条）。

②給水義務：水道事業者は、給水区域内の需要者に対し、常時給水の義務を負う。供給規程に基づき給水停止措置が可能（第15条）。

③給水の緊急停止：健康被害の恐れがある場合、直ちに給水を停止し、関係者への周知しなければならない（第23条）。

（3）給水装置（第16条、第16条の2、第25条の2～第25条の27）

①給水契約の申込拒否等：水道事業者は、給水装置が構造及び材質の基準に適合しないときは、供給規程に基づき、給水契約の申込拒否、給水停止が可能。

②水道事業者による給水装置工事事業者の指定が可能。指定は更新制。

③給水装置工事主任技術者の資格制度（事業所ごとの必置義務）。

④給水装置工事主任技術者試験の指定試験機関制度。

（4）給水装置の検査及び検査の請求（第17条、第18条）

（5）水道技術管理者の設置（第19条）

（6）水質検査の実施（第20条〜第20条の16）

（7）健康診断（第21条）

（8）衛生上の措置等

①衛生上の措置（第22条）

②水道施設の維持及び修繕（第22条の2）

③水道施設台帳（第22条の3）

④水道施設の計画的更新等（第22条の4）

（9）消火栓の設置義務（第24条）

（10）水道事業者の需要者に対する情報提供（第24条の2）

（11）業務の委託（第24条の3）

①水道事業者等は水道の管理に関する技術上の業務を委託可能。

②水道事業者等の委託に係る厚生労働大臣等への届出義務。

③水道管理業務受託者の受託水道業務技術管理者の設置義務　等。

（12）水道施設運営権の設定の許可等（第24条の4〜第24条の13）

　　施設の利用料金を自ら収入として収受する水道施設運営事業における厚生労働大臣許可制度等。

（13）簡易水道事業に関する特例（第25条）

8．水道用水供給事業（第26条〜第31条）

①事業の認可、②事業の休止及び廃止、③給水契約の定めるところによる給水義務、④水道技術管理者の設置、⑤水質検査、⑥業務の委託　等。

9．専用水道（第32条〜第33条）

①都道府県知事等による設計の確認、②専用水道技術管理者の設置、③水質検査、④業務の委託　等。

10．簡易専用水道（第34条の2〜第34条の4）

①設置者に対する基準に従った管理義務、②設置者に対する定期検査の受検義務　等。

11．監督（第35条〜第39条）

（1）認可の取り消し（第35条）

　　厚生労働大臣等は、工事着手、完了、給水開始が1年以上遅れた場合、認可取り消しが可能。

（2）改善指示（第36条）

　　厚生労働大臣等は水道事業等について、都道府県知事等は専用水道について、施設基準に不適合で、国民の健康を守るため緊急に必要な場合、期間を定めた改善指示や

水道技術管理者の変更勧告が可能。都道府県知事等は簡易専用水道について、管理措置の指示が可能。

（3）給水停止命令（第37条）

　　改善指示等に従わず、給水により利用者の利益を阻害する場合には、給水停止命令が可能。

（4）供給条件の変更（第38条）

　　民間水道事業者に対し、公共の利益増進に支障がある場合、供給条件の変更命令が可能。

（5）報告徴収・立入検査（第39条）

　　厚生労働大臣等は水道事業者等に報告徴収・立入検査が可能。

12. 災害その他非常の場合における連携及び協力の確保（第39条の2）

13. 緊急応援（第40条）

　　都道府県知事は、災害等の非常時において、水道事業者等に対し他の水道事業者等に水供給命令が可能。

14. 合理化勧告等（第41条、第42条）

　　①合理化勧告：厚生労働大臣は、事業の一体経営を行うこと、事業調整を図ることが合理的で公共の利益を著しく増進すると認める場合、勧告が可能。

　　②地方公共団体による買収：民間水道事業者が、改善指示に従わない等の場合において、必要な権利を買収可能。

15. 水源の汚濁防止のための要請等（第43条）

　　水道事業者等は関係行政機関の長又は関係地方公共団体の長に対して、水源水質の汚濁防止に関し要請が可能。

16. 国庫補助等（第44条〜第45条の2）

17. 給水装置工事主任技術者免状等に係る手数料（第45条の3）

18. 都道府県が処理する事務等（第46条〜第48条の2、第49条〜第50条の2）

19. 指定試験機関が行う試験事務に係る処分又はその不作為に係る審査請求（第48条の3）

20. 経過措置（第50条の3）

21. 罰則（第51条〜第57条）

　　①施設損壊等施設機能に障害を与えて水供給を妨害（五年以下の懲役又は百万円以下の罰金）。

　　②施設操作により水供給を妨害（二年以下の懲役又は五十万円以下の罰金）。

　　③無認可経営、給水緊急停止の不履行（三年以下の懲役又は三百万円以下の罰金）。

　　④無認可変更、無許可事業休廃止、給水義務違反、技術管理者設置義務違反、水道技術管理者職員監督義務違反、業務委託基準違反、給水停止命令違反、緊急供給命令違反（一年以下の懲役又は百万円以下の罰金）。

　　⑤認可条件違反、給水開始前水質検査・施設検査義務違反、水質検査義務違反、健康診断義務違反、水道施設衛生管理義務違反、専用水道設計確認義務違反、簡易専用水道管理基準・検査受験義務違反（百万円以下の罰金）。

　　⑥料金等の不正収受、届出義務等違反、検査拒否等、帳簿不備等（三十万円以下の罰金）。

　　⑦法人両罰　等。

第３章　水道法

３－１　水道法改正の経緯

●飲料水注意法（明治11年５月内達乙第18号）

　水道関連の法規としては最初のものが、この飲料水注意法で、井戸とそこからの管路に関する規定が整備された。

- ・井戸が損壊して汚水が浸透し患者が発生しているものは速やかに新調すべし。
- ・井戸からの流路で、大破したものは新調、損傷したものは精密に修理すべし。
- ・井戸に排水がないものは新調すべし。
- ・地形により井戸を作れないところは、地主が協議して設置すべし。
- ・井戸の新設には汚水溜から二間離す。
- ・井戸より三間以内に厨房を新設すべからず。
- ・井戸近傍で汚物の洗浄をせず、魚鳥の骨腸を捨てるべからず。
- ・井戸・管を破損したときは速やかに修理すべし。
- ・井戸に塵埃があったり、臭気があれば役所に調査を申し出すべし。
- ・年一回は井戸を浚渫すべし。

●水道条例（明治23年２月13日法律第９号）

　全十六条の法律で主要な規定は以下のとおり。

　（第二条）水道は市町村が布設すること。

　（第三条）水道の布設に当たっては内務大臣の認可を受けること。

　（第七条）水道の官有地又は公道下に布設するときは当該官庁の許可を受けること。

　（第八条）地方長官は、水道工事、水質水量を検査し、記述を定めて改良を命ずることができること。

　（第九条）工事完了後地方長官の監査を受けること。

　（第十条）給水を受けるものは水質水量の検査医を市町村長に請求することできること。

　（第十一条）給水用具等は市町村の定めるところにより、給水を受ける者の負担で設置すること。

　（第十二条、第十三条）市町村は給水用具を検査することが出来、それが不完全なときは改良を命ずることができること。

　（第十五条、第十六条）市町村は共用給水栓、消火栓を設置すること。

　明治44年改正で、市町村に水道布設の資力がないことなど幾つか条件を付した上で民間企業へ許可可能となっており、その後この条件が緩和されるなど五次の改正がなされ最終的に全二十二条の法律となっている。

●水道法制定（昭和32年）

- ・水道事業の合理化と保護育成により清浄・豊富・低廉な水の供給による公衆衛生の向上、生活環境の改善

・水道事業、水道用水供給事業の認可制、専用水道の確認制
・水質基準、施設基準、工事監督、水質検査、給水装置の検査、健康診断、衛生措置の規定
・水道事業者に対する給水義務、供給規程の設定、消火栓の設置の義務
・認可の取消、水道施設の改善命令、給水停止命令、報告及び立入検査等の監督規定
・水道用水の緊急応援、経営合理化勧告、地方公共団体による買収
・簡易水道に対する国庫補助

●昭和52年改正
・法目的に水道の計画的整備を追加
・水の適正かつ合理的使用に関する国、地方公共団体、国民の責務を追加
・水道の整備に関する責務を追加
・広域的水道整備計画の新設
・市町村経営原則の明記
・水質検査施設の整備
・簡易専用水道の定義の追加
・水源汚濁防止のための要請規定の新設
・水道事業等に対する国庫補助規定の新設

●平成8年改正
・給水装置工事事業者の指定要件の設定、給水装置工事主任技術者の必置
・給水装置工事主任技術者の国家試験の新設
・指定試験機関制度の新設

●平成13年改正
維持管理の時代を迎えた水道が安定した管理体制を維持し、安全な水道水を安定的に供給することを目的として改正。

① 水道の管理に関する技術上の業務の第三者への委託制度の新設

浄水場の運転管理など、水道の管理に関する技術上の業務を、需要者、認可を受けた水道事業者以外の第三者（他の市町村等）に、これに伴う刑事責任も含めて移管する制度を新設する。認可水道事業者と委託事業者との責任関係の明確化、需要者への情報提供を含めて事業体制の透明化を図る。

② 簡易水道の定義の変更による未規制水道への規制の適用

従来の専用水道に相当する規模の水道で居住者が規模に達しないものについても、専用水道と位置付け規制対象とする。学校、病院、レジャー施設、宿泊施設等に設置された水道で相当規模のものを専用水道とする。

③ 供給規程に基づくビル等の貯水槽水道に対する水道事業者の関与による管理の充実

設置者の管理意識が定着しにくい貯水槽水道について、水道事業者の関与の根拠を供給規程上明確化するもの。水道水の供給者として、給水契約を基に貯水槽水道の管理責任の明確化、さらには、水道事業実施に付帯して得られる情報を基に、助言、指

導、勧告等の積極関与を明文化したもの。保健所業務等の衛生行政との連携を図りつつ、貯水槽水道の管理の徹底を図る。
④　水道事業者による情報提供の義務化
　　水道事業者が、水質測定の結果、水道事業の実施状況等の事業関連情報を需要者に対して提供することを法律上明文化するもの。
⑤　事業統合の場合の手続きの簡素化
　　水道事業の広域化、事業統合を促進する観点から、事業の譲り受け等について従来の認可制度から届出制度に変更するもの。従来、定着した解釈として、水道事業の統合については、物理的な水道施設の一体性を要件としていたものを改め、施設の状況にかかわらず事業として統合することを可能としたもの。

●平成15年改正（公益法人に係る改革を推進するための厚生労働省関係法律の整備に関する法律による）

・検査機関の指定制を登録制に改正

●平成30年改正

　人口減少に伴う水の需要の減少、水道施設の老朽化、深刻化する人材不足等の水道の直面する課題に対応し、水道の基盤強化を図ることを目的として改正。

1．関係者の責務の明確化

　①国、都道府県及び市町村は水道の基盤の強化に関する施策を策定し、推進又は実施するよう努めなければならない。
　②都道府県は、水道事業者等の間の広域的な連携を推進するよう努めなければならない。
　③水道事業者等はその事業の基盤の強化に努めなければならない。

2．広域連携の推進

　①基本方針
　国は広域連携の推進を含む水道の基盤を強化するための基本方針を定める。
　②水道基盤強化計画
　都道府県は基本方針に基づき、関係市町村及び水道事業者等の同意を得て、水道基盤強化計画を定めることができる。
　③広域的な連携等推進協議会
　都道府県は、広域連携を推進するため、関係市町村及び水道事業者等を構成員とする協議会を設けることができる。

3．適切な資産管理の推進

　①水道施設の維持及び修繕
　水道事業者等は、水道施設を良好な状態に保つように、維持及び修繕をしなければならない。
　②水道施設台帳
　水道事業者等は、水道施設を適切に管理するための水道施設台帳を作成、保管しなければならない。

③水道施設の計画的更新等

　水道事業者等は、長期的な観点から、水道施設の計画的な更新に努めなければならない。

　水道事業者等は、水道施設の更新に関する費用を含むその事業に係る収支の見通しを作成し、公表するよう努めなければならない。

4．官民連携の推進

　地方公共団体が、水道事業者等としての位置付けを維持しつつ、厚生労働大臣の許可を受けて、水道施設に関する公共施設等運営権（※）を民間事業者に設定できる。

（※　利用料金の徴収を行う公共施設について、施設の所有権を地方公共団体が所有したまま施設の運営権を民間事業者に設定するもの。）

5．指定給水装置工事業者制度の改善

　資質保持や実態乖離の防止を図るため、指定給水装置工事業者の指定に更新制（5年）を導入する。

水道法の一部を改正する法律（平成30年法律第92号）の概要

改正の趣旨

　人口減少に伴う水の需要の減少、水道施設の老朽化、深刻化する人材不足等の水道の直面する課題に対応し、水道の基盤の強化を図るため、所要の措置を講ずる。

改正の概要

１．関係者の責務の明確化
　①国、都道府県及び市町村は水道の基盤の強化に関する施策を策定し、推進又は実施するよう努めなければならないこととする。
　②都道府県は水道事業者等（水道事業者又は水道用水供給事業者をいう。以下同じ。）の間の広域的な連携を推進するよう努めなければならないこととする。
　③水道事業者等はその事業の基盤の強化に努めなければならないこととする。

２．広域連携の推進
　①国は広域連携の推進を含む水道の基盤を強化するための基本方針を定めることとする。
　②都道府県は基本方針に基づき、関係市町村及び水道事業者等の同意を得て、水道基盤強化計画を定めることができることとする。
　③都道府県は、広域連携を推進するため、関係市町村及び水道事業者等を構成員とする協議会を設けることができることとする。

３．適切な資産管理の推進
　①水道事業者等は、水道施設を良好な状態に保つように、維持及び修繕をしなければならないこととする。
　②水道事業者等は、水道施設を適切に管理するための水道施設台帳を作成し、保管しなければならないこととする。
　③水道事業者等は、長期的な観点から、水道施設の計画的な更新に努めなければならないこととする。
　④水道事業者等は、水道施設の更新に関する費用を含むその事業に係る収支の見通しを作成し、公表するよう努めなければならないこととする。

４．官民連携の推進
　地方公共団体が、水道事業者等としての位置付けを維持しつつ、厚生労働大臣の許可を受けて、水道施設に関する公共施設等運営権※を民間事業者に設定できる仕組みを導入する。
　※公共施設等運営権とは、PFIの一類型で、利用料金の徴収を行う公共施設について、施設の所有権を地方公共団体が所有したまま、施設の運営権を民間事業者に設定する方式。

５．指定給水装置工事事業者制度の改善
　資質の保持や実体との乖離の防止を図るため、指定給水装置工事事業者の指定※に更新制（5年）を導入する。
　※各水道事業者は給水装置（蛇口やトイレなどの給水用具・給水管）の工事を施行する者を指定でき、条例において、給水装置工事は指定給水装置工事事業者が行う旨を規定。

施行期日

　令和元年10月１日　（ただし、３．②の水道施設台帳の作成・保管義務については、令和４年９月30日までは適用しない）

3－2 水道法
（全文とポイント解説）

水道法　目次

25

水道法（第1条（この法律の目的）〜第2条（責務））

○水道法（昭和三十二年六月十五日　法律第百七十七号）

目次

第一章　総則（第一条—第五条）

第二章　水道の基盤の強化（第五条の二—第五条の四）

第三章　水道事業

第四章　水道用水供給事業（第二十六条—第三十一条）

第五章　専用水道（第三十二条—第三十四条）

第六章　簡易専用水道（第三十四条の二—第三十四条の四）

第七章　監督（第三十五条—第三十九条）

第八章　雑則（第三十九条の二—第五十条の三）

第九章　罰則（第五十一条—第五十七条）

附則

第一章　総則

(この法律の目的)

第一条　この法律は、水道の布設及び管理を適正かつ合理的ならしめるとともに、水道の基盤を強化することによつて、清浄にして豊富低廉な水の供給を図り、もつて公衆衛生の向上と生活環境の改善とに寄与することを目的とする。

Point

○平成30年改正以前は、「水道の基盤を強化する」が「水道を計画的に整備し、及び水道事業を保護育成する」とされていた。計画的整備、保護育成を含め水道事業の持続性確保のための基本条件整備として基盤強化を掲げている。

○憲法第二十五条において、生存権を保障し、そのための国の役割を定めている。

・憲法

第二十五条　すべて国民は、健康で文化的な最低限度の生活を営む権利を有する。

②国は、全ての生活部面について、社会福祉、社会保障及び公衆衛生の向上及び増進につとめなければならない。

水道法はその実現するための法律体系の一環として位置づけられる。

○水道法の他、地域保健法に基づく保健所の事業として水道が位置づけられている。

・地域保健法

第六条　保健所は、次に掲げる事項につき、企画、調整、指導及びこれらに必要な事業を行う。

　四　住宅、水道、下水道、廃棄物の処理、清掃その他の環境の衛生に関する事項

(責務)

第二条　国及び地方公共団体は、水道が国民の日常生活に直結し、その健康を守るために欠くことのできないものであり、かつ、水が貴重な資源であることにかんがみ、水源及び水道施設並びにこれらの周辺の清潔保持並びに水の適正かつ合理的な使用に関し必要な施策を講じなければならない。

2　国民は、前項の国及び地方公共団体の施策に協力するとともに、自らも、水源及び水道施設並びにこれらの周辺の清潔保持並びに水の適正かつ合理的な使用に努めなければならない。

Point

○地方公共団体としての責務と水道事業者等としての責務が書き分けられている。行政体としての位置づけと事業者としての位置づけの違いによる。

第二条の二　国は、水道の基盤の強化に関する基本的かつ総合的な施策を策定し、及びこれを推進するとともに、都道府県及び市町村並びに水道事業者及び水道用水供給事業者（以下「水道事業者等」という。）に対し、必要な技術的及び財政的な援助を行うよう努めなければならない。

2　都道府県は、その区域の自然的社会的諸条件に応じて、その区域内における市町村の区域を超えた広域的な水道事業者等の間の連携等（水道事業者等の間の連携及び二以上の水道事業又は水道用水供給事業の一体的な経営をいう。以下同じ。）の推進その他の水道の基盤の強化に関する施策を策定し、及びこれを実施するよう努めなければならない。

3　市町村は、その区域の自然的社会的諸条件に応じて、その区域内における水道事業者等の間の連携等の推進その他の水道の基盤の強化に関する施策を策定し、及びこれを実施するよう努めなければならない。

4　水道事業者等は、その経営する事業を適正かつ能率的に運営するとともに、その事業の基盤の強化に努めなければならない。

（用語の定義）

第三条　この法律において「水道」とは、導管及びその他の工作物により、水を人の飲用に適する水として供給する施設の総体をいう。ただし、臨時に施設されたものを除く。

Point

○水道とは、給水装置も含めて導管を中心に構成される施設全体を指し、管理の区分や規制の有無とは無関係に定義されている。

2　この法律において「水道事業」とは、一般の需要に応じて、水道により水を供給する事業をいう。ただし、給水人口が百人以下である水道によるものを除く。

Point

○水道事業が一般需要に応じるのに対し、専用水道は特定の需用者に応じるもので、社宅や事業所のみを対象とするもの。

○水道事業の下限、計画給水人口百人超は、水道法制定（昭和32年）当時、条例等で規制対象としている水道事業が概ね百人超であったことによる。百人以下の小規模水道については、利用者の監視が届く範囲であり特に規制を必要としないものと考えられ、いわゆる未規制水道ということとなる。

3　この法律において「簡易水道事業」とは、給水人口が五千人以下である水道により、水を供給する水道事業をいう。

Point

○簡易水道の上限、計画給水人口5千人は、町村規模が5千人程度であって、水道法制定以前の昭和27年創設の簡易水道事業に対する補助対象の範囲で規定された。

4　この法律において「水道用水供給事業」とは、水道により、水道事業者に対してその用水を供給する事業をいう。ただし、水道事業者又は専用水道の設置者が他の水道事業者に分水する場合を除く。

5　この法律において「水道事業者」とは、第六条第一項の規定による認可を受けて水道事業を経営する者をいい、「水道用水供給事業者」とは、第二十六条の規定による認可を受けて水道用水供給事業を経営する者をいう。

6　この法律において「専用水道」とは、寄宿舎、社宅、療養所等における自家用の水道その他水道事業の用に供する水道以外の水道であつて、次の各号のいずれかに該当するものをいう。ただし、他の水道から供給を受ける水のみを水源とし、かつ、その水道施設のうち地中又は地表に施設されている部分の規模が政令で定める基準以下である水道を除く。

一　百人を超える者にその居住に必要な水を供給するもの

二　その水道施設の一日最大給水量（一日に給水することができる最大の水量をいう。以下同じ。）が政令で定める基準を超えるもの

7　この法律において「簡易専用水道」とは、水道事業の用に供する水道及び専用水道以外の水道であつて、水道事業の用に供する水道から供給を受ける水のみを水源とするものをいう。ただし、その用に供する施設の規模が政令で定める基準以下のものを除く。

8　この法律において「水道施設」とは、水道のための取水施設、貯水施設、導水施設、浄水施設、送水施設及び配水施設（専用水道にあつては、給水の施設を含むものとし、建築物に設けられたものを除く。以下同じ。）であつて、当該水道事業者、水道用水供給事業者又は専用水道の設置者の管理に属するものをいう。

9　この法律において「給水装置」とは、需要者に水を供給するために水道事業者の施設した配水管から分岐して設けられた給水管及びこれに直結する給水用具をいう。

10　この法律において「水道の布設工事」とは、水道施設の新設又は政令で定めるその増設若しくは改造の工事をいう。

11　この法律において「給水装置工事」とは、給水装置の設置又は変更の工事をいう。

12　この法律において「給水区域」、「給水人口」及び「給水量」とは、それぞれ事業計画において定める給水区域、給水人口及び給水量をいう。

> ### 解説
>
> ○ちなみに、水道事業における国認可、都道府県認可の区切りは、原則5万人としているが、水道法制定当初は2万人（用水供給事業については6千㎥/日）、認可等行政事務の簡素化のための昭和53年政令改正により5万人（用水供給事業2.5万㎥/日）に変更されている。事業規模が小さく影響度合いが小さい事業については国から都道府県に権限移譲しており、その判断基準が当初と現在で異なる。現在は、給水人口規模だけでなく、水源・浄水処理の複雑さ、都道府県の行政体制なども判断の要素に加え権限移譲を行っている。道州制特区で国の認可の特例として北海道へ委譲された認可権限の上限は250万人としており、これは都道府県人口の平均をめどに規定されている。

（水質基準）

第四条　水道により供給される水は、次の各号に掲げる要件を備えるものでなければならない。

一　病原生物に汚染され、又は病原生物に汚染されたことを疑わせるような生物若しくは物質を

　　含むものでないこと。

　　二　シアン、水銀その他の有毒物質を含まないこと。

　　三　銅、鉄、弗素、フェノールその他の物質をその許容量をこえて含まないこと。

　　四　異常な酸性又はアルカリ性を呈しないこと。

　　五　異常な臭味がないこと。ただし、消毒による臭味を除く。

　　六　外観は、ほとんど無色透明であること。

２　前項各号の基準に関して必要な事項は、厚生労働省令で定める。

Point

○水質基準が水道水の持つべき要件（属性）として規定されていることに注意。当然、水道事業の場合においても末端となる給水栓において確保しなければならない基準となる。個人資産となる給水装置（給水栓）に対する基準や給水停止措置など、水道事業者に強い権限をおいているのもこの責務によるもの。

（施設基準）

第五条　水道は、原水の質及び量、地理的条件、当該水道の形態等に応じ、取水施設、貯水施設、導水施設、浄水施設、送水施設及び配水施設の全部又は一部を有すべきものとし、その各施設は、次の各号に掲げる要件を備えるものでなければならない。

　　一　取水施設は、できるだけ良質の原水を必要量取り入れることができるものであること。

　　二　貯水施設は、渇水時においても必要量の原水を供給するのに必要な貯水能力を有するものであること。

　　三　導水施設は、必要量の原水を送るのに必要なポンプ、導水管その他の設備を有すること。

　　四　浄水施設は、原水の質及び量に応じて、前条の規定による水質基準に適合する必要量の浄水を得るのに必要なちんでん池、濾過池その他の設備を有し、かつ、消毒設備を備えていること。

　　五　送水施設は、必要量の浄水を送るのに必要なポンプ、送水管その他の設備を有すること。

　　六　配水施設は、必要量の浄水を一定以上の圧力で連続して供給するのに必要な配水池、ポンプ、配水管その他の設備を有すること。

２　水道施設の位置及び配列を定めるにあたつては、その布設及び維持管理ができるだけ経済的で、かつ、容易になるようにするとともに、給水の確実性をも考慮しなければならない。

３　水道施設の構造及び材質は、水圧、土圧、地震力その他の荷重に対して充分な耐力を有し、かつ、水が汚染され、又は漏れるおそれがないものでなければならない。

４　前三項に規定するもののほか、水道施設に関して必要な技術的基準は、厚生労働省令で定める。

Point

○水質基準と同様の構造で、施設基準の主語が水道であることに注意。水道の持つべき要件（属性）として規定されている。飲用適の水を供給する施設全て適用されるものである。一方で、それをどのような行政関与で実現するか、規制の強度はその影響、利用者との距離で異なる。

第二章　水道の基盤の強化

（基本方針）

第五条の二　厚生労働大臣は、水道の基盤を強化するための基本的な方針（以下「基本方針」という。）を定めるものとする。

2　基本方針においては、次に掲げる事項を定めるものとする。

一　水道の基盤の強化に関する基本的事項

二　水道施設の維持管理及び計画的な更新に関する事項

三　水道事業及び水道用水供給事業（以下「水道事業等」という。）の健全な経営の確保に関する事項

四　水道事業等の運営に必要な人材の確保及び育成に関する事項

五　水道事業者等の間の連携等の推進に関する事項

六　その他水道の基盤の強化に関する重要事項

3　厚生労働大臣は、基本方針を定め、又はこれを変更したときは、遅滞なく、これを公表しなければならない。

Point

○水道事業の持続性確保のための基礎条件整備として基盤強化を掲げ、その基本方針を定めるもの。市町村経営原則とする水道事業において、その事業間連携を基本に基盤強化を進めるもの。

（水道基盤強化計画）

第五条の三　都道府県は、水道の基盤の強化のため必要があると認めるときは、水道の基盤の強化に関する計画（以下この条において「水道基盤強化計画」という。）を定めることができる。

Point

○平成30年改正前の「広域的水道整備計画」が市町村発意だったものに対して、「水道基盤強化計画」は、都道府県の自主的な発案が可能となった。

2　水道基盤強化計画においては、その区域（以下この条において「計画区域」という。）を定めるほか、おおむね次に掲げる事項を定めるものとする。

一　水道の基盤の強化に関する基本的事項

二　水道基盤強化計画の期間

三　計画区域における水道の現況及び基盤の強化の目標

四　計画区域における水道の基盤の強化のために都道府県及び市町村が講ずべき施策並びに水道事業者等が講ずべき措置に関する事項

五　都道府県及び市町村による水道事業者等の間の連携等の推進の対象となる区域（市町村の区域を超えた広域的なものに限る。次号及び第七号において「連携等推進対象区域」という。）

六　連携等推進対象区域における水道事業者等の間の連携等に関する事項

七　連携等推進対象区域において水道事業者等の間の連携等を行うに当たり必要な施設整備に関する事項

3　水道基盤強化計画は、基本方針に基づいて定めるものとする。

4　都道府県は、水道基盤強化計画を定めようとするときは、あらかじめ計画区域内の市町村並びに計画区域を給水区域に含む水道事業者及び当該水道事業者が水道用水の供給を受ける水道用水供給事業者の同意を得なければならない。

5　市町村の区域を超えた広域的な水道事業者等の間の連携等を推進しようとする二以上の市町村は、あらかじめその区域を給水区域に含む水道事業者及び当該水道事業者が水道用水の供給を受ける水道用水供給事業者の同意を得て、共同して、都道府県に対し、厚生労働省令で定めるところにより、水道基盤強化計画を定めることを要請することができる。

6　都道府県は、前項の規定による要請があつた場合において、水道の基盤の強化のため必要があると認めるときは、水道基盤強化計画を定めるものとする。

7　都道府県は、水道基盤強化計画を定めようとするときは、計画区域に次条第一項に規定する協議会の区域の全部又は一部が含まれる場合には、あらかじめ当該協議会の意見を聴かなければならない。

8　都道府県は、水道基盤強化計画を定めたときは、遅滞なく、厚生労働大臣に報告するとともに、計画区域内の市町村並びに計画区域を給水区域に含む水道事業者及び当該水道事業者が水道用水の供給を受ける水道用水供給事業者に通知しなければならない。

9　都道府県は、水道基盤強化計画を定めたときは、これを公表するよう努めなければならない。

10　第四項から前項までの規定は、水道基盤強化計画の変更について準用する。

（広域的連携等推進協議会）

第五条の四　都道府県は、市町村の区域を超えた広域的な水道事業者等の間の連携等の推進に関し必要な協議を行うため、当該都道府県が定める区域において広域的連携等推進協議会（以下この条において「協議会」という。）を組織することができる。

2　協議会は、次に掲げる構成員をもつて構成する。

　一　前項の都道府県

　二　協議会の区域をその区域に含む市町村

　三　協議会の区域を給水区域に含む水道事業者及び当該水道事業者が水道用水の供給を受ける水道用水供給事業者

　四　学識経験を有する者その他の都道府県が必要と認める者

3　協議会において協議が調つた事項については、協議会の構成員は、その協議の結果を尊重しなければならない。

4　前三項に定めるもののほか、協議会の運営に関し必要な事項は、協議会が定める。

Point

○平成30年改正で新設されたいわゆる法定協議会。

第三章　水道事業

第一節　事業の認可等

（事業の認可及び経営主体）

第六条　水道事業を経営しようとする者は、厚生労働大臣の認可を受けなければならない。

2　水道事業は、原則として市町村が経営するものとし、市町村以外の者は、給水しようとする区域をその区域に含む市町村の同意を得た場合に限り、水道事業を経営することができるものとする。

Point

○事業認可は、官民を問わず可能。民間不可は、水道法の前身、水道条例（1890年（明治23年））の初期のみで、1911年（明治44年）改正で、既に限定的ながら民間に開放されている。

（認可の申請）

第七条　水道事業経営の認可の申請をするには、申請書に、事業計画書、工事設計書その他厚生労働省令で定める書類（図面を含む。）を添えて、これを厚生労働大臣に提出しなければならない。

2　前項の申請書には、次に掲げる事項を記載しなければならない。

一　申請者の住所及び氏名（法人又は組合にあつては、主たる事務所の所在地及び名称並びに代表者の氏名）

二　水道事務所の所在地

3　水道事業者は、前項に規定する申請書の記載事項に変更を生じたときは、速やかに、その旨を厚生労働大臣に届け出なければならない。

4　第一項の事業計画書には、次に掲げる事項を記載しなければならない。

一　給水区域、給水人口及び給水量

二　水道施設の概要

三　給水開始の予定年月日

四　工事費の予定総額及びその予定財源

五　給水人口及び給水量の算出根拠

六　経常収支の概算

七　料金、給水装置工事の費用の負担区分その他の供給条件

八　その他厚生労働省令で定める事項

5　第一項の工事設計書には、次に掲げる事項を記載しなければならない。

一　一日最大給水量及び一日平均給水量

二　水源の種別及び取水地点

三　水源の水量の概算及び水質試験の結果

四　水道施設の位置（標高及び水位を含む。）、規模及び構造

五　浄水方法

六　配水管における最大静水圧及び最小動水圧

七　工事の着手及び完了の予定年月日

八　その他厚生労働省令で定める事項

（認可基準）

第八条　水道事業経営の認可は、その申請が次の各号のいずれにも適合していると認められるときでなければ、与えてはならない。

一　当該水道事業の開始が一般の需要に適合すること。

二　当該水道事業の計画が確実かつ合理的であること。

三　水道施設の工事の設計が第五条の規定による施設基準に適合すること。

四　給水区域が他の水道事業の給水区域と重複しないこと。

Point
○第八条第4号の規定が「地域独占」の根拠。

五　供給条件が第十四条第二項各号に掲げる要件に適合すること。

六　地方公共団体以外の者の申請に係る水道事業にあつては、当該事業を遂行するに足りる経理的基礎があること。

七　その他当該水道事業の開始が公益上必要であること。

2　前項各号に規定する基準を適用するについて必要な技術的細目は、厚生労働省令で定める。

（附款）

第九条　厚生労働大臣は、地方公共団体以外の者に対して水道事業経営の認可を与える場合には、これに必要な期限又は条件を附することができる。

2　前項の期限又は条件は、公共の利益を増進し、又は当該水道事業の確実な遂行を図るために必要な最少限度のものに限り、かつ、当該水道事業者に不当な義務を課することとなるものであつてはならない。

（事業の変更）

第十条　水道事業者は、給水区域を拡張し、給水人口若しくは給水量を増加させ、又は水源の種別、取水地点若しくは浄水方法を変更しようとするとき（次の各号のいずれかに該当するときを除く。）は、厚生労働大臣の認可を受けなければならない。この場合において、給水区域の拡張により新たに他の市町村の区域が給水区域に含まれることとなるときは、当該他の市町村の同意を得なければ、当該認可を受けることができない。

一　その変更が厚生労働省令で定める軽微なものであるとき。

二　その変更が他の水道事業の全部を譲り受けることに伴うものであるとき。

2　第七条から前条までの規定は、前項の認可について準用する。

3　水道事業者は、第一項各号のいずれかに該当する変更を行うときは、あらかじめ、厚生労働省令で定めるところにより、その旨を厚生労働大臣に届け出なければならない。

（事業の休止及び廃止）

第十一条　水道事業者は、給水を開始した後においては、厚生労働省令で定めるところにより、厚生労働大臣の許可を受けなければ、その水道事業の全部又は一部を休止し、又は廃止してはならない。ただし、その水道事業の全部を他の水道事業を行う水道事業者に譲り渡すことにより、その水道事業の全部を廃止することとなるときは、この限りでない。

2　地方公共団体以外の水道事業者（給水人口が政令で定める基準を超えるものに限る。）が、前

項の許可の申請をしようとするときは、あらかじめ、当該水道事業の給水区域をその区域に含む市町村に協議しなければならない。

3　第一項ただし書の場合においては、水道事業者は、あらかじめ、その旨を厚生労働大臣に届け出なければならない。

（技術者による布設工事の監督）

第十二条　水道事業者は、水道の布設工事（当該水道事業者が地方公共団体である場合にあつては、当該地方公共団体の条例で定める水道の布設工事に限る。）を自ら施行し、又は他人に施行させる場合においては、その職員を指名し、又は第三者に委嘱して、その工事の施行に関する技術上の監督業務を行わせなければならない。

2　前項の業務を行う者は、政令で定める資格（当該水道事業者が地方公共団体である場合にあつては、当該資格を参酌して当該地方公共団体の条例で定める資格）を有する者でなければならない。

Point

○「水道の布設工事」とは区域拡張等の新設工事や容量拡大など、なんらかの新規機能が付加される工事に限定されるもの（第三条（定義）の第10項参照。）で、単なる更新事業は含まれない。このため、水道工事全般に有資格者の監督を義務づけるものではない。

（給水開始前の届出及び検査）

第十三条　水道事業者は、配水施設以外の水道施設又は配水池を新設し、増設し、又は改造した場合において、その新設、増設又は改造に係る施設を使用して給水を開始しようとするときは、あらかじめ、厚生労働大臣にその旨を届け出で、かつ、厚生労働省令の定めるところにより、水質検査及び施設検査を行わなければならない。

2　水道事業者は、前項の規定による水質検査及び施設検査を行つたときは、これに関する記録を作成し、その検査を行つた日から起算して五年間、これを保存しなければならない。

第二節　業務

（供給規程）

第十四条　水道事業者は、料金、給水装置工事の費用の負担区分その他の供給条件について、供給規程を定めなければならない。

Point

○水道法においては、供給規程の条例化は求めていない。地方自治法の要請により一部条例化を要するものとされている。

2　前項の供給規程は、次に掲げる要件に適合するものでなければならない。

一　料金が、能率的な経営の下における適正な原価に照らし、健全な経営を確保することができる公正妥当なものであること。

二　料金が、定率又は定額をもつて明確に定められていること。

三　水道事業者及び水道の需要者の責任に関する事項並びに給水装置工事の費用の負担区分及びその額の算出方法が、適正かつ明確に定められていること。

四　特定の者に対して不当な差別的取扱いをするものでないこと。

五　貯水槽水道（水道事業の用に供する水道及び専用水道以外の水道であつて、水道事業の用に

供する水道から供給を受ける水のみを水源とするものをいう。以下この号において同じ。）が設置される場合においては、貯水槽水道に関し、水道事業者及び当該貯水槽水道の設置者の責任に関する事項が、適正かつ明確に定められていること。

3　前項各号に規定する基準を適用するについて必要な技術的細目は、厚生労働省令で定める。

4　水道事業者は、供給規程を、その実施の日までに一般に周知させる措置をとらなければならない。

5　水道事業者が地方公共団体である場合にあつては、供給規程に定められた事項のうち料金を変更したときは、厚生労働省令で定めるところにより、その旨を厚生労働大臣に届け出なければならない。

6　水道事業者が地方公共団体以外の者である場合にあつては、供給規程に定められた供給条件を変更しようとするときは、厚生労働大臣の認可を受けなければならない。

7　厚生労働大臣は、前項の認可の申請が第二項各号に掲げる要件に適合していると認めるときは、その認可を与えなければならない。

（給水義務）

第十五条　水道事業者は、事業計画に定める給水区域内の需要者から給水契約の申込みを受けたときは、正当の理由がなければ、これを拒んではならない。

2　水道事業者は、当該水道により給水を受ける者に対し、常時水を供給しなければならない。ただし、第四十条第一項の規定による水の供給命令を受けた場合又は災害その他正当な理由があつてやむを得ない場合には、給水区域の全部又は一部につきその間給水を停止することができる。この場合には、やむを得ない事情がある場合を除き、給水を停止しようとする区域及び期間をあらかじめ関係者に周知させる措置をとらなければならない。

3　水道事業者は、当該水道により給水を受ける者が料金を支払わないとき、正当な理由なしに給水装置の検査を拒んだとき、その他正当な理由があるときは、前項本文の規定にかかわらず、その理由が継続する間、供給規程の定めるところにより、その者に対する給水を停止することができる。

Point

○水道事業は一般の需要に応じるものであり、自らが設定した給水区域については、給水義務が水道事業者に課される。

（給水装置の構造及び材質）

第十六条　水道事業者は、当該水道によつて水の供給を受ける者の給水装置の構造及び材質が、政令で定める基準に適合していないときは、供給規程の定めるところにより、その者の給水契約の申込を拒み、又はその者が給水装置をその基準に適合させるまでの間その者に対する給水を停止することができる。

Point

○給水装置は、「水道」の一部ではあるが、「水道施設（水道事業者の管理施設）」ではない。一方、配水管と給水装置は水理上一体不可分の施設であることから、水質管理の観点から水道事業者による積極関与を認めている。具体関与として、給水装置の構造・材質基準を設け最終的に給水停止により基準遵守を求める。

（給水装置工事）

第十六条の二　水道事業者は、当該水道によつて水の供給を受ける者の給水装置の構造及び材質が前条の規定に基づく政令で定める基準に適合することを確保するため、当該水道事業者の給水区域において給水装置工事を適正に施行することができると認められる者の指定をすることができる。

2　水道事業者は、前項の指定をしたときは、供給規程の定めるところにより、当該水道によつて水の供給を受ける者の給水装置が当該水道事業者又は当該指定を受けた者（以下「指定給水装置工事事業者」という。）の施行した給水装置工事に係るものであることを供給条件とすることができる。

3　前項の場合において、水道事業者は、当該水道によつて水の供給を受ける者の給水装置が当該水道事業者又は指定給水装置工事事業者の施行した給水装置工事に係るものでないときは、供給規程の定めるところにより、その者の給水契約の申込みを拒み、又はその者に対する給水を停止することができる。ただし、厚生労働省令で定める給水装置の軽微な変更であるとき、又は当該給水装置の構造及び材質が前条の規定に基づく政令で定める基準に適合していることが確認されたときは、この限りでない。

（給水装置の検査）

第十七条　水道事業者は、日出後日没前に限り、その職員をして、当該水道によつて水の供給を受ける者の土地又は建物に立ち入り、給水装置を検査させることができる。ただし、人の看守し、若しくは人の住居に使用する建物又は閉鎖された門内に立ち入るときは、その看守者、居住者又はこれらに代るべき者の同意を得なければならない。

2　前項の規定により給水装置の検査に従事する職員は、その身分を示す証明書を携帯し、関係者の請求があつたときは、これを提示しなければならない。

（検査の請求）

第十八条　水道事業によつて水の供給を受ける者は、当該水道事業者に対して、給水装置の検査及び供給を受ける水の水質検査を請求することができる。

2　水道事業者は、前項の規定による請求を受けたときは、すみやかに検査を行い、その結果を請求者に通知しなければならない。

（水道技術管理者）

第十九条　水道事業者は、水道の管理について技術上の業務を担当させるため、水道技術管理者一人を置かなければならない。ただし、自ら水道技術管理者となることを妨げない。

2　水道技術管理者は、次に掲げる事項に関する事務に従事し、及びこれらの事務に従事する他の職員を監督しなければならない。

一　水道施設が第五条の規定による施設基準に適合しているかどうかの検査（第二十二条の二第二項に規定する点検を含む。）

二　第十三条第一項の規定による水質検査及び施設検査

三　給水装置の構造及び材質が第十六条の規定に基く政令で定める基準に適合しているかどうかの検査

四　次条第一項の規定による水質検査

五　第二十一条第一項の規定による健康診断

　　六　第二十二条の規定による衛生上の措置

　　七　第二十二条の三第一項の台帳の作成

　　八　第二十三条第一項の規定による給水の緊急停止

　　九　第三十七条前段の規定による給水停止

3　水道技術管理者は、政令で定める資格（当該水道事業者が地方公共団体である場合にあつては、当該資格を参酌して当該地方公共団体の条例で定める資格）を有する者でなければならない。

Point

○水道事業のうち、技術上の管理業務の責任者を「水道技術管理者」として特定し、責任の所在を明らかにするもの。「事業管理者」は地方公営企業法に基づくもの。

（水質検査）

第二十条　水道事業者は、厚生労働省令の定めるところにより、定期及び臨時の水質検査を行わなければならない。

2　水道事業者は、前項の規定による水質検査を行つたときは、これに関する記録を作成し、水質検査を行つた日から起算して五年間、これを保存しなければならない。

3　水道事業者は、第一項の規定による水質検査を行うため、必要な検査施設を設けなければならない。ただし、当該水質検査を、厚生労働省令の定めるところにより、地方公共団体の機関又は厚生労働大臣の登録を受けた者に委託して行うときは、この限りでない。

Point

○「20条機開」といわれるもので、国の登録制。

（登録）

第二十条の二　前条第三項の登録は、厚生労働省令で定めるところにより、水質検査を行おうとする者の申請により行う。

（欠格条項）

第二十条の三　次の各号のいずれかに該当する者は、第二十条第三項の登録を受けることができない。

　　一　この法律又はこの法律に基づく命令に違反し、罰金以上の刑に処せられ、その執行を終わり、又は執行を受けることがなくなつた日から二年を経過しない者

　　二　第二十条の十三の規定により登録を取り消され、その取消しの日から二年を経過しない者

　　三　法人であつて、その業務を行う役員のうちに前二号のいずれかに該当する者があるもの

（登録基準）

第二十条の四　厚生労働大臣は、第二十条の二の規定により登録を申請した者が次に掲げる要件のすべてに適合しているときは、その登録をしなければならない。

　　一　第二十条第一項に規定する水質検査を行うために必要な検査施設を有し、これを用いて水質検査を行うものであること。

　　二　別表第一に掲げるいずれかの条件に適合する知識経験を有する者が水質検査を実施し、その人数が五名以上であること。

　　三　次に掲げる水質検査の信頼性の確保のための措置がとられていること。

  イ　水質検査を行う部門に専任の管理者が置かれていること。

  ロ　水質検査の業務の管理及び精度の確保に関する文書が作成されていること。

  ハ　ロに掲げる文書に記載されたところに従い、専ら水質検査の業務の管理及び精度の確保を行う部門が置かれていること。

2　登録は、水質検査機関登録簿に次に掲げる事項を記載してするものとする。

 一　登録年月日及び登録番号

 二　登録を受けた者の氏名又は名称及び住所並びに法人にあつては、その代表者の氏名

 三　登録を受けた者が水質検査を行う区域及び登録を受けた者が水質検査を行う事業所の所在地

 （登録の更新）

第二十条の五　第二十条第三項の登録は、三年を下らない政令で定める期間ごとにその更新を受けなければ、その期間の経過によつて、その効力を失う。

2　前三条の規定は、前項の登録の更新について準用する。

 （受託義務等）

第二十条の六　第二十条第三項の登録を受けた者（以下「登録水質検査機関」という。）は、同項の水質検査の委託の申込みがあつたときは、正当な理由がある場合を除き、その受託を拒んではならない。

2　登録水質検査機関は、公正に、かつ、厚生労働省令で定める方法により水質検査を行わなければならない。

 （変更の届出）

第二十条の七　登録水質検査機関は、氏名若しくは名称、住所、水質検査を行う区域又は水質検査を行う事業所の所在地を変更しようとするときは、変更しようとする日の二週間前までに、その旨を厚生労働大臣に届け出なければならない。

 （業務規程）

第二十条の八　登録水質検査機関は、水質検査の業務に関する規程（以下「水質検査業務規程」という。）を定め、水質検査の業務の開始前に、厚生労働大臣に届け出なければならない。これを変更しようとするときも、同様とする。

2　水質検査業務規程には、水質検査の実施方法、水質検査に関する料金その他の厚生労働省令で定める事項を定めておかなければならない。

 （業務の休廃止）

第二十条の九　登録水質検査機関は、水質検査の業務の全部又は一部を休止し、又は廃止しようとするときは、休止又は廃止しようとする日の二週間前までに、その旨を厚生労働大臣に届け出なければならない。

 （財務諸表等の備付け及び閲覧等）

第二十条の十　登録水質検査機関は、毎事業年度経過後三月以内に、その事業年度の財産目録、貸借対照表及び損益計算書又は収支計算書並びに事業報告書（その作成に代えて電磁的記録（電子的方式、磁気的方式その他の人の知覚によつては認識することができない方式で作られる記録であつて、電子計算機による情報処理の用に供されるものをいう。以下同じ。）の作成がされている場合における当該電磁的記録を含む。次項において「財務諸表等」という。）を作成し、五年

間事業所に備えて置かなければならない。

2　水道事業者その他の利害関係人は、登録水質検査機関の業務時間内は、いつでも、次に掲げる請求をすることができる。ただし、第二号又は第四号の請求をするには、登録水質検査機関の定めた費用を支払わなければならない。

一　財務諸表等が書面をもつて作成されているときは、当該書面の閲覧又は謄写の請求

二　前号の書面の謄本又は抄本の請求

三　財務諸表等が電磁的記録をもつて作成されているときは、当該電磁的記録に記録された事項を厚生労働省令で定める方法により表示したものの閲覧又は謄写の請求

四　前号の電磁的記録に記録された事項を電磁的方法であつて厚生労働省令で定めるものにより提供することの請求又は当該事項を記載した書面の交付の請求

（適合命令）

第二十条の十一　厚生労働大臣は、登録水質検査機関が第二十条の四第一項各号のいずれかに適合しなくなつたと認めるときは、その登録水質検査機関に対し、これらの規定に適合するため必要な措置をとるべきことを命ずることができる。

（改善命令）

第二十条の十二　厚生労働大臣は、登録水質検査機関が第二十条の六第一項又は第二項の規定に違反していると認めるときは、その登録水質検査機関に対し、水質検査を受託すべきこと又は水質検査の方法その他の業務の方法の改善に関し必要な措置をとるべきことを命ずることができる。

（登録の取消し等）

第二十条の十三　厚生労働大臣は、登録水質検査機関が次の各号のいずれかに該当するときは、その登録を取り消し、又は期間を定めて水質検査の業務の全部若しくは一部の停止を命ずることができる。

一　第二十条の三第一号又は第三号に該当するに至つたとき。

二　第二十条の七から第二十条の九まで、第二十条の十第一項又は次条の規定に違反したとき。

三　正当な理由がないのに第二十条の十第二項各号の規定による請求を拒んだとき。

四　第二十条の十一又は前条の規定による命令に違反したとき。

五　不正の手段により第二十条第三項の登録を受けたとき。

（帳簿の備付け）

第二十条の十四　登録水質検査機関は、厚生労働省令で定めるところにより、水質検査に関する事項で厚生労働省令で定めるものを記載した帳簿を備え、これを保存しなければならない。

（報告の徴収及び立入検査）

第二十条の十五　厚生労働大臣は、水質検査の適正な実施を確保するため必要があると認めるときは、登録水質検査機関に対し、業務の状況に関し必要な報告を求め、又は当該職員に、登録水質検査機関の事務所又は事業所に立ち入り、業務の状況若しくは検査施設、帳簿、書類その他の物件を検査させることができる。

2　前項の規定により立入検査を行う職員は、その身分を示す証明書を携帯し、関係者の請求があつたときは、これを提示しなければならない。

3　第一項の規定による権限は、犯罪捜査のために認められたものと解釈してはならない。

（公示）

第二十条の十六　厚生労働大臣は、次の場合には、その旨を公示しなければならない。

一　第二十条第三項の登録をしたとき。

二　第二十条の七の規定による届出があつたとき。

三　第二十条の九の規定による届出があつたとき。

四　第二十条の十三の規定により第二十条第三項の登録を取り消し、又は水質検査の業務の停止を命じたとき。

（健康診断）

第二十一条　水道事業者は、水道の取水場、浄水場又は配水池において業務に従事している者及びこれらの施設の設置場所の構内に居住している者について、厚生労働省令の定めるところにより、定期及び臨時の健康診断を行わなければならない。

2　水道事業者は、前項の規定による健康診断を行つたときは、これに関する記録を作成し、健康診断を行つた日から起算して一年間、これを保存しなければならない。

Point

○対象者は、いわゆる直営職員・公務員に限らない。民間委託業者等も含む。

（衛生上の措置）

第二十二条　水道事業者は、厚生労働省令の定めるところにより、水道施設の管理及び運営に関し、消毒その他衛生上必要な措置を講じなければならない。

Point

○衛生上の措置は、水道事業者に求められる水道施設の管理に関するものである。その成果・結果は給水栓で確認することとされており、遊離残留塩素で0.1mg/l（水道法施行規則第十七条第三号）とされている。一方、簡易専用水道の管理基準は、残留塩素が検出されることとされており、水道事業により供給される水のみを原水とする簡易専用水道の塩素保持も含めて本規定がある。

（水道施設の維持及び修繕）

第二十二条の二　水道事業者は、厚生労働省令で定める基準に従い、水道施設を良好な状態に保つため、その維持及び修繕を行わなければならない。

2　前項の基準は、水道施設の修繕を能率的に行うための点検に関する基準を含むものとする。

（水道施設台帳）

第二十二条の三　水道事業者は、水道施設の台帳を作成し、これを保管しなければならない。

2　前項の台帳の記載事項その他その作成及び保管に関し必要な事項は、厚生労働省令で定める。

（水道施設の計画的な更新等）

第二十二条の四　水道事業者は、長期的な観点から、給水区域における一般の水の需要に鑑み、水道施設の計画的な更新に努めなければならない。

2　水道事業者は、厚生労働省令で定めるところにより、水道施設の更新に要する費用を含むその事業に係る収支の見通しを作成し、これを公表するよう努めなければならない。

（給水の緊急停止）

第二十三条　水道事業者は、その供給する水が人の健康を害するおそれがあることを知つたときは、直ちに給水を停止し、かつ、その水を使用することが危険である旨を関係者に周知させる措置を講じなければならない。

2　水道事業者の供給する水が人の健康を害するおそれがあることを知つた者は、直ちにその旨を当該水道事業者に通報しなければならない。

Point

○水質基準超過が必ずしも発動要件ではない。災害時など、飲用不適を公報しつつ供給を継続することもありうる。

（消火栓）

第二十四条　水道事業者は、当該水道に公共の消防のための消火栓を設置しなければならない。

2　市町村は、その区域内に消火栓を設置した水道事業者に対し、その消火栓の設置及び管理に要する費用その他その水道が消防用に使用されることに伴い増加した水道施設の設置及び管理に要する費用につき、当該水道事業者との協議により、相当額の補償をしなければならない。

3　水道事業者は、公共の消防用として使用された水の料金を徴収することができない。

（情報提供）

第二十四条の二　水道事業者は、水道の需要者に対し、厚生労働省令で定めるところにより、第二十条第一項の規定による水質検査の結果その他水道事業に関する情報を提供しなければならない。

（業務の委託）

第二十四条の三　水道事業者は、政令で定めるところにより、水道の管理に関する技術上の業務の全部又は一部を他の水道事業者若しくは水道用水供給事業者又は当該業務を適正かつ確実に実施することができる者として政令で定める要件に該当するものに委託することができる。

2　水道事業者は、前項の規定により業務を委託したときは、遅滞なく、厚生労働省令で定める事項を厚生労働大臣に届け出なければならない。委託に係る契約が効力を失つたときも、同様とする。

3　第一項の規定により業務の委託を受ける者（以下「水道管理業務受託者」という。）は、水道の管理について技術上の業務を担当させるため、受託水道業務技術管理者一人を置かなければならない。

4　受託水道業務技術管理者は、第一項の規定により委託された業務の範囲内において第十九条第二項各号に掲げる事項に関する事務に従事し、及びこれらの事務に従事する他の職員を監督しなければならない。

5　受託水道業務技術管理者は、政令で定める資格を有する者でなければならない。

6　第一項の規定により水道の管理に関する技術上の業務を委託する場合においては、当該委託された業務の範囲内において、水道管理業務受託者を水道事業者と、受託水道業務技術管理者を水道技術管理者とみなして、第十三条第一項（水質検査及び施設検査の実施に係る部分に限る。）及び第二項、第十七条、第二十条から第二十二条の三まで、第二十三条第一項、第二十五条の九、第三十六条第二項並びに第三十九条（第二項及び第三項を除く。）の規定（これらの規定に係る

罰則を含む。）を適用する。この場合において、当該委託された業務の範囲内において、水道事業者及び水道技術管理者については、これらの規定は、適用しない。

7　前項の規定により水道管理業務受託者を水道事業者とみなして第二十五条の九の規定を適用する場合における第二十五条の十一第一項の規定の適用については、同項第五号中「水道事業者」とあるのは、「水道管理業務受託者」とする。

<u>8</u>　第一項の規定により水道の管理に関する技術上の業務を委託する場合においては、当該委託された業務の範囲内において、水道技術管理者については第十九条第二項の規定は適用せず、受託水道業務技術管理者が同項各号に掲げる事項に関するすべての事務に従事し、及びこれらの事務に従事する他の職員を監督する場合においては、水道事業者については、同条第一項の規定は、適用しない。

Point

○通称「第三者委託制度」と呼ばれるもの。全部委託までありうる。
○委託の対象は、水道管理の技術上の業務に限定されている。また受託者による、いわゆる丸投げの委託は受託者の委託制度が規定されておらず不可。

（水道施設運営権の設定の許可）

第二十四条の四　地方公共団体である水道事業者は、民間資金等の活用による公共施設等の整備等の促進に関する法律（平成十一年法律第百十七号。以下「民間資金法」という。）第十九条第一項の規定により水道施設運営等事業（水道施設の全部又は一部の運営等（民間資金法第二条第六項に規定する運営等をいう。）であつて、当該水道施設の利用に係る料金（以下「利用料金」という。）を当該運営等を行う者が自らの収入として収受する事業をいう。以下同じ。）に係る民間資金法第二条第七項に規定する公共施設等運営権（以下「水道施設運営権」という。）を設定しようとするときは、あらかじめ、厚生労働大臣の許可を受けなければならない。この場合において、当該水道事業者は、第十一条第一項の規定にかかわらず、同項の許可（水道事業の休止に係るものに限る。）を受けることを要しない。

2　水道施設運営等事業は、地方公共団体である水道事業者が、民間資金法第十九条第一項の規定により水道施設運営権を設定した場合に限り、実施することができるものとする。

3　水道施設運営権を有する者（以下「水道施設運営権者」という。）が水道施設運営等事業を実施する場合には、第六条第一項の規定にかかわらず、水道事業経営の認可を受けることを要しない。

Point

○通称「PFI法」による「コンセッション法式」といわれるもの。これを水道事業に適用する際に必要な手続きを定めたもの。「水道料金を民間企業等のコンセッション事業実施者（施設運営権を設定される者）が自らの収入として収受する」場合に限られる。

（許可の申請）

第二十四条の五　前条第一項前段の許可の申請をするには、申請書に、水道施設運営等事業実施計画書その他厚生労働省令で定める書類（図面を含む。）を添えて、これを厚生労働大臣に提出し

なければならない。

2　前項の申請書には、次に掲げる事項を記載しなければならない。

一　申請者の主たる事務所の所在地及び名称並びに代表者の氏名

二　申請者が水道施設運営権を設定しようとする民間資金法第二条第五項に規定する選定事業者（以下この条及び次条第一項において単に「選定事業者」という。）の主たる事務所の所在地及び名称並びに代表者の氏名

三　選定事業者の水道事務所の所在地

3　第一項の水道施設運営等事業実施計画書には、次に掲げる事項を記載しなければならない。

一　水道施設運営等事業の対象となる水道施設の名称及び立地

二　水道施設運営等事業の内容

三　水道施設運営権の存続期間

四　水道施設運営等事業の開始の予定年月日

五　水道事業者が、選定事業者が実施することとなる水道施設運営等事業の適正を期するために講ずる措置

六　災害その他非常の場合における水道事業の継続のための措置

七　水道施設運営等事業の継続が困難となつた場合における措置

八　選定事業者の経常収支の概算

九　選定事業者が自らの収入として収受しようとする水道施設運営等事業の対象となる水道施設の利用料金

十　その他厚生労働省令で定める事項

（許可基準）

第二十四条の六　第二十四条の四第一項前段の許可は、その申請が次の各号のいずれにも適合していると認められるときでなければ、与えてはならない。

一　当該水道施設運営等事業の計画が確実かつ合理的であること。

二　当該水道施設運営等事業の対象となる水道施設の利用料金が、選定事業者を水道施設運営権者とみなして第二十四条の八第一項の規定により読み替えられた第十四条第二項（第一号、第二号及び第四号に係る部分に限る。以下この号において同じ。）の規定を適用するとしたならば同項に掲げる要件に適合すること。

三　当該水道施設運営等事業の実施により水道の基盤の強化が見込まれること。

2　前項各号に規定する基準を適用するについて必要な技術的細目は、厚生労働省令で定める。

（水道施設運営等事業技術管理者）

第二十四条の七　水道施設運営権者は、水道施設運営等事業について技術上の業務を担当させるため、水道施設運営等事業技術管理者一人を置かなければならない。

2　水道施設運営等事業技術管理者は、水道施設運営等事業に係る業務の範囲内において、第十九条第二項各号に掲げる事項に関する事務に従事し、及びこれらの事務に従事する他の職員を監督しなければならない。

3　水道施設運営等事業技術管理者は、第二十四条の三第五項の政令で定める資格を有する者でなければならない。

（水道施設運営等事業に関する特例）

第二十四条の八　水道施設運営権者が水道施設運営等事業を実施する場合における第十四条第一項、第二項及び第五項、第十五条第二項及び第三項、第二十三条第二項、第二十四条第三項並びに第四十条第一項、第五項及び第八項の規定の適用については、第十四条第一項中「料金」とあるのは「料金（第二十四条の四第三項に規定する水道施設運営権者（次項、次条第二項及び第二十三条第二項において「水道施設運営権者」という。）が自らの収入として収受する水道施設の利用に係る料金（次項において「水道施設運営権者に係る利用料金」という。）を含む。次項第一号及び第二号、第五項、次条第三項並びに第二十四条第三項において同じ。）」と、同条第二項中「次に」とあるのは「水道施設運営権者に係る利用料金について、水道施設運営権者は水道の需要者に対して直接にその支払を請求する権利を有する旨が明確に定められていることのほか、次に」と、第十五条第二項ただし書中「受けた場合」とあるのは「受けた場合（水道施設運営権者が当該供給命令を受けた場合を含む。）」と、第二十三条第二項中「水道事業者の」とあるのは「水道事業者（水道施設運営権者を含む。以下この項及び次条第三項において同じ。）の」と、第四十条第一項及び第五項中「又は水道用水供給事業者」とあるのは「若しくは水道用水供給事業者又は水道施設運営権者」と、同条第八項中「水道用水供給事業者」とあるのは「水道用水供給事業者若しくは水道施設運営権者」とする。この場合において、水道施設運営権者は、当然に給水契約の利益（水道施設運営等事業の対象となる水道施設の利用料金の支払を請求する権利に係る部分に限る。）を享受する。

2　水道施設運営権者が水道施設運営等事業を実施する場合においては、当該水道施設運営等事業に係る業務の範囲内において、水道施設運営権者を水道事業者と、水道施設運営等事業技術管理者を水道技術管理者とみなして、第十二条、第十三条第一項（水質検査及び施設検査の実施に係る部分に限る。）及び第二項、第十七条、第二十条から第二十二条の四まで、第二十三条第一項、第二十五条の九、第三十六条第一項及び第二項、第三十七条並びに第三十九条（第二項及び第三項を除く。）の規定（これらの規定に係る罰則を含む。）を適用する。この場合において、当該水道施設運営等事業に係る業務の範囲内において、水道事業者及び水道技術管理者については、これらの規定は適用せず、第二十二条の四第一項中「更新」とあるのは、「更新（民間資金等の活用による公共施設等の整備等の促進に関する法律（平成十一年法律第百十七号）第二条第六項に規定する運営等として行うものに限る。次項において同じ。）」とする。

3　前項の規定により水道施設運営権者を水道事業者とみなして第二十五条の九の規定を適用する場合における第二十五条の十一第一項の規定の適用については、同項第五号中「水道事業者」とあるのは、「水道施設運営権者」とする。

4　水道施設運営権者が水道施設運営等事業を実施する場合においては、当該水道施設運営等事業に係る業務の範囲内において、水道技術管理者については第十九条第二項の規定は適用せず、水道施設運営等事業技術管理者が同項各号に掲げる事項に関する全ての事務に従事し、及びこれらの事務に従事する他の職員を監督する場合においては、水道事業者については、同条第一項の規定は、適用しない。

（水道施設運営等事業の開始の通知）

第二十四条の九　地方公共団体である水道事業者は、水道施設運営権者から水道施設運営等事業の

開始に係る民間資金法第二十一条第三項の規定による届出を受けたときは、遅滞なく、その旨を厚生労働大臣に通知するものとする。

（水道施設運営権者に係る変更の届出）

第二十四条の十　水道施設運営権者は、次に掲げる事項に変更を生じたときは、遅滞なく、その旨を水道施設運営権を設定した地方公共団体である水道事業者及び厚生労働大臣に届け出なければならない。

　一　水道施設運営権者の主たる事務所の所在地及び名称並びに代表者の氏名

　二　水道施設運営権者の水道事務所の所在地

（水道施設運営権の移転の協議）

第二十四条の十一　地方公共団体である水道事業者は、水道施設運営等事業に係る民間資金法第二十六条第二項の許可をしようとするときは、あらかじめ、厚生労働大臣に協議しなければならない。

（水道施設運営権の取消し等の要求）

第二十四条の十二　厚生労働大臣は、水道施設運営権者がこの法律又はこの法律に基づく命令の規定に違反した場合には、民間資金法第二十九条第一項第一号（トに係る部分に限る。）に掲げる場合に該当するとして、水道施設運営権を設定した地方公共団体である水道事業者に対して、同項の規定による処分をなすべきことを求めることができる。

（水道施設運営権の取消し等の通知）

第二十四条の十三　地方公共団体である水道事業者は、次に掲げる場合には、遅滞なく、その旨を厚生労働大臣に通知するものとする。

　一　民間資金法第二十九条第一項の規定により水道施設運営権を取り消し、若しくはその行使の停止を命じたとき、又はその停止を解除したとき。

　二　水道施設運営権の存続期間の満了に伴い、民間資金法第二十九条第四項の規定により、又は水道施設運営権者が水道施設運営権を放棄したことにより、水道施設運営権が消滅したとき。

（簡易水道事業に関する特例）

第二十五条　簡易水道事業については、当該水道が、消毒設備以外の浄水施設を必要とせず、かつ、自然流下のみによつて給水することができるものであるときは、第十九条第三項の規定を適用しない。

2　給水人口が二千人以下である簡易水道事業を経営する水道事業者は、第二十四条第一項の規定にかかわらず、消防組織法（昭和二十二年法律第二百二十六号）第七条に規定する市町村長との協議により、当該水道に消火栓を設置しないことができる。

　　　　第三節　指定給水装置工事事業者

（指定の申請）

第二十五条の二　第十六条の二第一項の指定は、給水装置工事の事業を行う者の申請により行う。

2　第十六条の二第一項の指定を受けようとする者は、厚生労働省令で定めるところにより、次に掲げる事項を記載した申請書を水道事業者に提出しなければならない。

　一　氏名又は名称及び住所並びに法人にあつては、その代表者の氏名

　二　当該水道事業者の給水区域について給水装置工事の事業を行う事業所（以下この節において

単に「事業所」という。）の名称及び所在地並びに第二十五条の四第一項の規定によりそれぞれの事業所において選任されることとなる給水装置工事主任技術者の氏名

三　給水装置工事を行うための機械器具の名称、性能及び数

四　その他厚生労働省令で定める事項

（指定の基準）

第二十五条の三　水道事業者は、第十六条の二第一項の指定の申請をした者が次の各号のいずれにも適合していると認めるときは、同項の指定をしなければならない。

一　事業所ごとに、第二十五条の四第一項の規定により給水装置工事主任技術者として選任されることとなる者を置く者であること。

二　厚生労働省令で定める機械器具を有する者であること。

三　次のいずれにも該当しない者であること。

　イ　成年被後見人若しくは被保佐人又は破産者で復権を得ないもの

　ロ　この法律に違反して、刑に処せられ、その執行を終わり、又は執行を受けることがなくなつた日から二年を経過しない者

　ハ　第二十五条の十一第一項の規定により指定を取り消され、その取消しの日から二年を経過しない者

　ニ　その業務に関し不正又は不誠実な行為をするおそれがあると認めるに足りる相当の理由がある者

　ホ　法人であつて、その役員のうちにイからニまでのいずれかに該当する者があるもの

2　水道事業者は、第十六条の二第一項の指定をしたときは、遅滞なく、その旨を一般に周知させる措置をとらなければならない。

（指定の更新）

第二十五条の三の二　第十六条の二第一項の指定は、五年ごとにその更新を受けなければ、その期間の経過によつて、その効力を失う。

2　前項の更新の申請があつた場合において、同項の期間（以下この項及び次項において「指定の有効期間」という。）の満了の日までにその申請に対する決定がされないときは、従前の指定は、指定の有効期間の満了後もその決定がされるまでの間は、なおその効力を有する。

3　前項の場合において、指定の更新がされたときは、その指定の有効期間は、従前の指定の有効期間の満了の日の翌日から起算するものとする。

4　前二条の規定は、第一項の指定の更新について準用する。

　Point

○平成30年改正で更新制を新設。

（給水装置工事主任技術者）

第二十五条の四　指定給水装置工事事業者は、事業所ごとに、第三項各号に掲げる職務をさせるため、厚生労働省令で定めるところにより、給水装置工事主任技術者免状の交付を受けている者のうちから、給水装置工事主任技術者を選任しなければならない。

2　指定給水装置工事事業者は、給水装置工事主任技術者を選任したときは、遅滞なく、その旨を水道事業者に届け出なければならない。これを解任したときも、同様とする。

3　給水装置工事主任技術者は、次に掲げる職務を誠実に行わなければならない。

一　給水装置工事に関する技術上の管理

二　給水装置工事に従事する者の技術上の指導監督

三　給水装置工事に係る給水装置の構造及び材質が第十六条の規定に基づく政令で定める基準に適合していることの確認

四　その他厚生労働省令で定める職務

4　給水装置工事に従事する者は、給水装置工事主任技術者がその職務として行う指導に従わなければならない。

（給水装置工事主任技術者免状）

第二十五条の五　給水装置工事主任技術者免状は、給水装置工事主任技術者試験に合格した者に対し、厚生労働大臣が交付する。

2　厚生労働大臣は、次の各号のいずれかに該当する者に対しては、給水装置工事主任技術者免状の交付を行わないことができる。

一　次項の規定により給水装置工事主任技術者免状の返納を命ぜられ、その日から一年を経過しない者

二　この法律に違反して、刑に処せられ、その執行を終わり、又は執行を受けることがなくなつた日から二年を経過しない者

3　厚生労働大臣は、給水装置工事主任技術者免状の交付を受けている者がこの法律に違反したときは、その給水装置工事主任技術者免状の返納を命ずることができる。

4　前三項に規定するもののほか、給水装置工事主任技術者免状の交付、書換え交付、再交付及び返納に関し必要な事項は、厚生労働省令で定める。

（給水装置工事主任技術者試験）

第二十五条の六　給水装置工事主任技術者試験は、給水装置工事主任技術者として必要な知識及び技能について、厚生労働大臣が行う。

2　給水装置工事主任技術者試験は、給水装置工事に関して三年以上の実務の経験を有する者でなければ、受けることができない。

3　給水装置工事主任技術者試験の試験科目、受験手続その他給水装置工事主任技術者試験の実施細目は、厚生労働省令で定める。

（変更の届出等）

第二十五条の七　指定給水装置工事事業者は、事業所の名称及び所在地その他厚生労働省令で定める事項に変更があつたとき、又は給水装置工事の事業を廃止し、休止し、若しくは再開したときは、厚生労働省令で定めるところにより、その旨を水道事業者に届け出なければならない。

（事業の基準）

第二十五条の八　指定給水装置工事事業者は、厚生労働省令で定める給水装置工事の事業の運営に関する基準に従い、適正な給水装置工事の事業の運営に努めなければならない。

（給水装置工事主任技術者の立会い）

第二十五条の九　水道事業者は、第十七条第一項の規定による給水装置の検査を行うときは、当該給水装置に係る給水装置工事を施行した指定給水装置工事事業者に対し、当該給水装置工事を施行した事業所に係る給水装置工事主任技術者を検査に立ち会わせることを求めることができる。

（報告又は資料の提出）

第二十五条の十　水道事業者は、指定給水装置工事事業者に対し、当該指定給水装置工事事業者が給水区域において施行した給水装置工事に関し必要な報告又は資料の提出を求めることができる。

（指定の取消し）

第二十五条の十一　水道事業者は、指定給水装置工事事業者が次の各号のいずれかに該当するときは、第十六条の二第一項の指定を取り消すことができる。

一　第二十五条の三第一項各号のいずれかに適合しなくなつたとき。

二　第二十五条の四第一項又は第二項の規定に違反したとき。

三　第二十五条の七の規定による届出をせず、又は虚偽の届出をしたとき。

四　第二十五条の八に規定する給水装置工事の事業の運営に関する基準に従つた適正な給水装置工事の事業の運営をすることができないと認められるとき。

五　第二十五条の九の規定による水道事業者の求めに対し、正当な理由なくこれに応じないとき。

六　前条の規定による水道事業者の求めに対し、正当な理由なくこれに応じず、又は虚偽の報告若しくは資料の提出をしたとき。

七　その施行する給水装置工事が水道施設の機能に障害を与え、又は与えるおそれが大であるとき。

八　不正の手段により第十六条の二第一項の指定を受けたとき。

2　第二十五条の三第二項の規定は、前項の場合に準用する。

第四節　指定試験機関

（指定試験機関の指定）

第二十五条の十二　厚生労働大臣は、その指定する者（以下「指定試験機関」という。）に、給水装置工事主任技術者試験の実施に関する事務（以下「試験事務」という。）を行わせることができる。

2　指定試験機関の指定は、試験事務を行おうとする者の申請により行う。

（指定の基準）

第二十五条の十三　厚生労働大臣は、他に指定を受けた者がなく、かつ、前条第二項の規定による申請が次の要件を満たしていると認めるときでなければ、指定試験機関の指定をしてはならない。

一　職員、設備、試験事務の実施の方法その他の事項についての試験事務の実施に関する計画が試験事務の適正かつ確実な実施のために適切なものであること。

二　前号の試験事務の実施に関する計画の適正かつ確実な実施に必要な経理的及び技術的な基礎を有するものであること。

三　申請者が、試験事務以外の業務を行つている場合には、その業務を行うことによつて試験事務が不公正になるおそれがないこと。

2　厚生労働大臣は、前条第二項の規定による申請をした者が、次の各号のいずれかに該当するときは、指定試験機関の指定をしてはならない。

　一　一般社団法人又は一般財団法人以外の者であること。

　二　第二十五条の二十四第一項又は第二項の規定により指定を取り消され、その取消しの日から起算して二年を経過しない者であること。

　三　その役員のうちに、次のいずれかに該当する者があること。

　　イ　この法律に違反して、刑に処せられ、その執行を終わり、又は執行を受けることがなくなつた日から起算して二年を経過しない者

　　ロ　第二十五条の十五第二項の規定による命令により解任され、その解任の日から起算して二年を経過しない者

（指定の公示等）

第二十五条の十四　厚生労働大臣は、第二十五条の十二第一項の規定による指定をしたときは、指定試験機関の名称及び主たる事務所の所在地並びに当該指定をした日を公示しなければならない。

2　指定試験機関は、その名称又は主たる事務所の所在地を変更しようとするときは、変更しようとする日の二週間前までに、その旨を厚生労働大臣に届け出なければならない。

3　厚生労働大臣は、前項の規定による届出があつたときは、その旨を公示しなければならない。

（役員の選任及び解任）

第二十五条の十五　指定試験機関の役員の選任及び解任は、厚生労働大臣の認可を受けなければ、その効力を生じない。

2　厚生労働大臣は、指定試験機関の役員が、この法律（これに基づく命令又は処分を含む。）若しくは第二十五条の十八第一項に規定する試験事務規程に違反する行為をしたとき、又は試験事務に関し著しく不適当な行為をしたときは、指定試験機関に対し、当該役員を解任すべきことを命ずることができる。

（試験委員）

第二十五条の十六　指定試験機関は、試験事務のうち、給水装置工事主任技術者として必要な知識及び技能を有するかどうかの判定に関する事務を行う場合には、試験委員にその事務を行わせなければならない。

2　指定試験機関は、試験委員を選任しようとするときは、厚生労働省令で定める要件を備える者のうちから選任しなければならない。

3　指定試験機関は、試験委員を選任したときは、厚生労働省令で定めるところにより、遅滞なく、その旨を厚生労働大臣に届け出なければならない。試験委員に変更があつたときも、同様とする。

4　前条第二項の規定は、試験委員の解任について準用する。

（秘密保持義務等）

第二十五条の十七　指定試験機関の役員若しくは職員（試験委員を含む。次項において同じ。）又はこれらの職にあつた者は、試験事務に関して知り得た秘密を漏らしてはならない。

2　試験事務に従事する指定試験機関の役員又は職員は、刑法（明治四十年法律第四十五号）その他の罰則の適用については、法令により公務に従事する職員とみなす。

Point

○みなし公務員規定により、公務執行妨害罪、公文書偽造罪、賄賂罪の対象となる。

（試験事務規程）

第二十五条の十八　指定試験機関は、試験事務の開始前に、試験事務の実施に関する規程（以下「試験事務規程」という。）を定め、厚生労働大臣の認可を受けなければならない。これを変更しようとするときも、同様とする。

2　試験事務規程で定めるべき事項は、厚生労働省令で定める。

3　厚生労働大臣は、第一項の規定により認可をした試験事務規程が試験事務の適正かつ確実な実施上不適当となつたと認めるときは、指定試験機関に対し、これを変更すべきことを命ずることができる。

（事業計画の認可等）

第二十五条の十九　指定試験機関は、毎事業年度、事業計画及び収支予算を作成し、当該事業年度の開始前に（第二十五条の十二第一項の規定による指定を受けた日の属する事業年度にあつては、その指定を受けた後遅滞なく）、厚生労働大臣の認可を受けなければならない。これを変更しようとするときも、同様とする。

2　指定試験機関は、毎事業年度、事業報告書及び収支決算書を作成し、当該事業年度の終了後三月以内に、厚生労働大臣に提出しなければならない。

（帳簿の備付け）

第二十五条の二十　指定試験機関は、厚生労働省令で定めるところにより、試験事務に関する事項で厚生労働省令で定めるものを記載した帳簿を備え、これを保存しなければならない。

（監督命令）

第二十五条の二十一　厚生労働大臣は、試験事務の適正な実施を確保するため必要があると認めるときは、指定試験機関に対し、試験事務に関し監督上必要な命令をすることができる。

（報告、検査等）

第二十五条の二十二　厚生労働大臣は、試験事務の適正な実施を確保するため必要があると認めるときは、指定試験機関に対し、試験事務の状況に関し必要な報告を求め、又はその職員に、指定試験機関の事務所に立ち入り、試験事務の状況若しくは設備、帳簿、書類その他の物件を検査させることができる。

2　前項の規定により立入検査を行う職員は、その身分を示す証明書を携帯し、関係者の請求があつたときは、これを提示しなければならない。

3　第一項の規定による権限は、犯罪捜査のために認められたものと解してはならない。

（試験事務の休廃止）

第二十五条の二十三　指定試験機関は、厚生労働大臣の許可を受けなければ、試験事務の全部又は一部を休止し、又は廃止してはならない。

2　厚生労働大臣は、指定試験機関の試験事務の全部又は一部の休止又は廃止により試験事務の適正かつ確実な実施が損なわれるおそれがないと認めるときでなければ、前項の規定による許可をしてはならない。

3　厚生労働大臣は、第一項の規定による許可をしたときは、その旨を公示しなければならない。

（指定の取消し等）

第二十五条の二十四　厚生労働大臣は、指定試験機関が第二十五条の十三第二項第一号又は第三号

に該当するに至つたときは、その指定を取り消さなければならない。

2　厚生労働大臣は、指定試験機関が次の各号のいずれかに該当するときは、その指定を取り消し、又は期間を定めて試験事務の全部若しくは一部の停止を命ずることができる。

　一　第二十五条の十三第一項各号の要件を満たさなくなつたと認められるとき。

　二　第二十五条の十五第二項（第二十五条の十六第四項において準用する場合を含む。）、第二十五条の十八第三項又は第二十五条の二十一の規定による命令に違反したとき。

　三　第二十五条の十六第一項、第二十五条の十九、第二十五条の二十又は前条第一項の規定に違反したとき。

　四　第二十五条の十八第一項の規定により認可を受けた試験事務規程によらないで試験事務を行つたとき。

　五　不正な手段により指定試験機関の指定を受けたとき。

3　厚生労働大臣は、前二項の規定により指定を取り消し、又は前項の規定により試験事務の全部若しくは一部の停止を命じたときは、その旨を公示しなければならない。

　（指定等の条件）

第二十五条の二十五　第二十五条の十二第一項、第二十五条の十五第一項、第二十五条の十八第一項、第二十五条の十九第一項又は第二十五条の二十三第一項の規定による指定、認可又は許可には、条件を付し、及びこれを変更することができる。

2　前項の条件は、当該指定、認可又は許可に係る事項の確実な実施を図るため必要な最小限度のものに限り、かつ、当該指定、認可又は許可を受ける者に不当な義務を課することとなるものであつてはならない。

　（厚生労働大臣による試験事務の実施）

第二十五条の二十六　厚生労働大臣は、指定試験機関の指定をしたときは、試験事務を行わないものとする。

2　厚生労働大臣は、指定試験機関が第二十五条の二十三第一項の規定による許可を受けて試験事務の全部若しくは一部を休止したとき、第二十五条の二十四第二項の規定により指定試験機関に対し試験事務の全部若しくは一部の停止を命じたとき、又は指定試験機関が天災その他の事由により試験事務の全部若しくは一部を実施することが困難となつた場合において必要があると認めるときは、当該試験事務の全部又は一部を自ら行うものとする。

3　厚生労働大臣は、前項の規定により試験事務の全部若しくは一部を自ら行うこととするとき、又は自ら行つていた試験事務の全部若しくは一部を行わないこととするときは、その旨を公示しなければならない。

　（厚生労働省令への委任）

第二十五条の二十七　この法律に規定するもののほか、指定試験機関及びその行う試験事務並びに試験事務の引継ぎに関し必要な事項は、厚生労働省令で定める。

第四章　水道用水供給事業

（事業の認可）

第二十六条　水道用水供給事業を経営しようとする者は、厚生労働大臣の認可を受けなければならない。

Point

○一日最大給水量が2万5千㎥以下等は都道府県認可。ただし、「道州制特別区域における広域行政の推進に関する法律」に基づき、一日最大給水量が125万㎥以下については道認可（この規模は、水道事業認可の事務区分となる250万人相当分（都道府県人口の平均）として設定。）このため、北海道に国認可事業者がないのが現状。

（認可の申請）

第二十七条　水道用水供給事業経営の認可の申請をするには、申請書に、事業計画書、工事設計書その他厚生労働省令で定める書類（図面を含む。）を添えて、これを厚生労働大臣に提出しなければならない。

2　前項の申請書には、次に掲げる事項を記載しなければならない。

　一　申請者の住所及び氏名（法人又は組合にあつては、主たる事務所の所在地及び名称並びに代表者の氏名）

　二　水道事務所の所在地

3　水道用水供給事業者は、前項に規定する申請書の記載事項に変更を生じたときは、速やかに、その旨を厚生労働大臣に届け出なければならない。

4　第一項の事業計画書には、次に掲げる事項を記載しなければならない。

　一　給水対象及び給水量

　二　水道施設の概要

　三　給水開始の予定年月日

　四　工事費の予定総額及びその予定財源

　五　経常収支の概算

　六　その他厚生労働省令で定める事項

5　第一項の工事設計書には、次に掲げる事項を記載しなければならない。

　一　一日最大給水量及び一日平均給水量

　二　水源の種別及び取水地点

　三　水源の水量の概算及び水質試験の結果

　四　水道施設の位置（標高及び水位を含む。）、規模及び構造

　五　浄水方法

　六　工事の着手及び完了の予定年月日

　七　その他厚生労働省令で定める事項

（認可基準）

第二十八条　水道用水供給事業経営の認可は、その申請が次の各号のいずれにも適合していると認められるときでなければ、与えてはならない。

　　一　当該水道用水供給事業の計画が確実かつ合理的であること。

　　二　水道施設の工事の設計が第五条の規定による施設基準に適合すること。

　　三　地方公共団体以外の者の申請に係る水道用水供給事業にあつては、当該事業を遂行するに足りる経理的基礎があること。

　　四　その他当該水道用水供給事業の開始が公益上必要であること。

　2　前項各号に規定する基準を適用するについて必要な技術的細目は、厚生労働省令で定める。

Point

○水道事業と異なり地域独占の位置づけがない。（第八条参照。）

（附款）

第二十九条　厚生労働大臣は、地方公共団体以外の者に対して水道用水供給事業経営の認可を与える場合には、これに必要な条件を附することができる。

　2　第九条第二項の規定は、前項の条件について準用する。

（事業の変更）

第三十条　水道用水供給事業者は、給水対象若しくは給水量を増加させ、又は水源の種別、取水地点若しくは浄水方法を変更しようとするとき（次の各号のいずれかに該当するときを除く。）は、厚生労働大臣の認可を受けなければならない。

　　一　その変更が厚生労働省令で定める軽微なものであるとき。

　　二　その変更が他の水道用水供給事業の全部を譲り受けることに伴うものであるとき。

　2　前三条の規定は、前項の認可について準用する。

　3　水道用水供給事業者は、第一項各号のいずれかに該当する変更を行うときは、あらかじめ、厚生労働省令で定めるところにより、その旨を厚生労働大臣に届け出なければならない。

（準用）

第三十一条　第十一条第一項及び第三項、第十二条、第十三条、第十五条第二項、第十九条（第二項第三号を除く。）、第二十条から第二十三条まで、第二十四条の二、第二十四条の三（第七項を除く。）、第二十四条の四、第二十四条の五、第二十四条の六（第一項第二号を除く。）、第二十四条の七、第二十四条の八（第三項を除く。）、第二十四条の九から第二十四条の十三までの規定は、水道用水供給事業者について準用する。この場合において、次の表の上欄に掲げる規定中同表の中欄に掲げる字句は、それぞれ同表の下欄に掲げる字句に読み替えるものとする。

（準用の読み替え）

（事業の休止及び廃止）

第十一条　水道用水供給事業者は、給水を開始した後においては、厚生労働省令で定めるところにより、厚生労働大臣の許可を受けなければ、その水道用水供給事業の全部又は一部を休止し、又は廃止してはならない。ただし、その水道用水供給事業の全部を他の水道用水供給事業を行う水道用水供給事業者に譲り渡すことにより、その水道用水供給事業の全部を廃止することとなるときは、この限りでない。

3　第一項ただし書の場合においては、水道用水供給事業者は、あらかじめ、その旨を厚生労働大臣に届け出なければならない。

（技術者による布設工事の監督）

第十二条　水道用水供給事業者は、水道の布設工事（当該水道事業者が地方公共団体である場合にあつては、当該地方公共団体の条例で定める水道の布設工事に限る。）を自ら施行し、又は他人に施行させる場合においては、その職員を指名し、又は第三者に委嘱して、その工事の施行に関する技術上の監督業務を行わせなければならない。

2　前項の業務を行う者は、政令で定める資格（当該水道事業者が地方公共団体である場合にあつては、当該資格を参酌して当該地方公共団体の条例で定める資格）を有する者でなければならない。

（給水開始前の届出及び検査）

第十三条　水道用水供給事業者は、配水施設以外の水道施設又は配水池を新設し、増設し、又は改造した場合において、その新設、増設又は改造に係る施設を使用して給水を開始しようとするときは、あらかじめ、厚生労働大臣にその旨を届け出で、かつ、厚生労働省令の定めるところにより、水質検査及び施設検査を行わなければならない。

2　水道用水供給事業者は、前項の規定による水質検査及び施設検査を行つたときは、これに関する記録を作成し、その検査を行つた日から起算して五年間、これを保存しなければならない。

（給水義務）

第十五条

2　水道用水供給事業者は、当該水道により水道用水の供給を受ける水道事業者に対し、給水契約の定めるところにより水道用水を供給しなければならない。ただし、第四十条第一項の規定による水の供給命令を受けた場合又は災害その他正当な理由があつてやむを得ない場合には、給水対象の全部又は一部につきその間給水を停止することができる。この場合には、やむを得ない事情がある場合を除き、給水を停止しようとする区域及び期間をあらかじめ関係者に周知させる措置をとらなければならない。

（水道技術管理者）

第十九条　水道用水供給事業者は、水道の管理について技術上の業務を担当させるため、水道技術管理者一人を置かなければならない。ただし、自ら水道技術管理者となることを妨げない。

2　水道技術管理者は、次に掲げる事項に関する事務に従事し、及びこれらの事務に従事する他の職員を監督しなければならない。

一　水道施設が第五条の規定による施設基準に適合しているかどうかの検査（第二十二条の二第二項に規定する点検を含む。）

二　第十三条第一項の規定による水質検査及び施設検査

三　（準用適用しない。）

四　次条第一項の規定による水質検査

五　第二十一条第一項の規定による健康診断

　　六　第二十二条の規定による衛生上の措置

　　七　第二十二条の三第一項の台帳の作成

　　八　第二十三条第一項の規定による給水の緊急停止

　　九　第三十七条前段の規定による給水停止

3　水道技術管理者は、政令で定める資格（当該水道事業者が地方公共団体である場合にあつては、当該資格を参酌して当該地方公共団体の条例で定める資格）を有する者でなければならない。

　（水質検査）

第二十条　水道事業者は、厚生労働省令の定めるところにより、定期及び臨時の水質検査を行わなければならない。

2　水道事業者は、前項の規定による水質検査を行つたときは、これに関する記録を作成し、水質検査を行つた日から起算して五年間、これを保存しなければならない。

3　水道事業者は、第一項の規定による水質検査を行うため、必要な検査施設を設けなければならない。ただし、当該水質検査を、厚生労働省令の定めるところにより、地方公共団体の機関又は厚生労働大臣の登録を受けた者に委託して行うときは、この限りでない。

　　（登録）第二十条の二、（欠格条項）第二十条の三、（登録基準）第二十条の四、（登録の更新）第二十条の五、（受託義務等）

　　第二十条の六、（変更の届出）第二十条の七、（業務規程）第二十条の八、（業務の休廃止）第二十条の九、（財務諸表等の備付け及び閲覧等）第二十条の十、（適合命令）第二十条の十一、（登録の取消し等）第二十条の十三、（帳簿の備付け）第二十条の十四、（報告の徴収及び立入検査）第二十条の十五、（公示）第二十条の十六　　（略）

　（健康診断）

第二十一条　水道用水供給事業者は、水道の取水場、浄水場又は配水池において業務に従事している者及びこれらの施設の設置場所の構内に居住している者について、厚生労働省令の定めるところにより、定期及び臨時の健康診断を行わなければならない。

2　水道用水供給事業者は、前項の規定による健康診断を行つたときは、これに関する記録を作成し、健康診断を行つた日から起算して一年間、これを保存しなければならない。

　（衛生上の措置）

第二十二条　水道用水供給事業者は、厚生労働省令の定めるところにより、水道施設の管理及び運営に関し、消毒その他衛生上必要な措置を講じなければならない。

　（水道施設の維持及び修繕）

第二十二条の二　水道用水供給事業者は、厚生労働省令で定める基準に従い、水道施設を良好な状態に保つため、その維持及び修繕を行わなければならない。

2　前項の基準は、水道施設の修繕を能率的に行うための点検に関する基準を含むものとする。

　（水道施設台帳）

第二十二条の三　水道用水供給事業者は、水道施設の台帳を作成し、これを保管しなければならない。

2　前項の台帳の記載事項その他その作成及び保管に関し必要な事項は、厚生労働省令で定

める。

（水道施設の計画的な更新等）

第二十二条の四　水道用水供給事業者は、長期的な観点から、給水区域における一般の水の需要に鑑み、水道施設の計画的な更新に努めなければならない。

2　水道用水供給事業者は、厚生労働省令で定めるところにより、水道施設の更新に要する費用を含むその事業に係る収支の見通しを作成し、これを公表するよう努めなければならない。

（給水の緊急停止）

第二十三条　水道用水供給事業者は、その供給する水が人の健康を害するおそれがあることを知ったときは、直ちに給水を停止し、かつ、その水を使用することが危険である旨を関係者に周知させる措置を講じなければならない。

2　水道用水供給事業者の供給する水が人の健康を害するおそれがあることを知った者は、直ちにその旨を当該水道用水供給事業者に通報しなければならない。

（情報提供）

第二十四条の二　水道用水供給事業者は、水道の需要者に対し、厚生労働省令で定めるところにより、第二十条第一項の規定による水質検査の結果その他水道事業に関する情報を提供しなければならない。

（業務の委託）

第二十四条の三　水道事業者は、政令で定めるところにより、水道の管理に関する技術上の業務の全部又は一部を他の水道事業者若しくは水道用水供給事業者又は当該業務を適正かつ確実に実施することができる者として政令で定める要件に該当するものに委託することができる。

2　水道事業者は、前項の規定により業務を委託したときは、遅滞なく、厚生労働省令で定める事項を厚生労働大臣に届け出なければならない。委託に係る契約が効力を失つたときも、同様とする。

3　第一項の規定により業務の委託を受ける者（以下「水道管理業務受託者」という。）は、水道の管理について技術上の業務を担当させるため、受託水道業務技術管理者一人を置かなければならない。

4　受託水道業務技術管理者は、第一項の規定により委託された業務の範囲内において第十九条第二項各号（第三号を除く。）に掲げる事項に関する事務に従事し、及びこれらの事務に従事する他の職員を監督しなければならない。

5　受託水道業務技術管理者は、政令で定める資格を有する者でなければならない。

6　第一項の規定により水道の管理に関する技術上の業務を委託する場合においては、当該委託された業務の範囲内において、水道管理業務受託者を水道事業者と、受託水道業務技術管理者を水道技術管理者とみなして、第十三条第一項（水質検査及び施設検査の実施に係る部分に限る。）及び第二項、第十七条、第二十条から第二十二条の三まで、第二十三条第一項、第三十六条第二項並びに第三十九条（第二項及び第三項を除く。）の規定（これらの規定に係る罰則を含む。）を適用する。この場合において、当該委託された業務の範囲内

において、水道事業者及び水道技術管理者については、これらの規定は、適用しない。

7　前項の規定により水道管理業務受託者を水道事業者とみなして第二十五条の九の規定を適用する場合における第二十五条の十一第一項の規定の適用については、同項第五号中「水道事業者」とあるのは、「水道管理業務受託者」とする。

8　第一項の規定により水道の管理に関する技術上の業務を委託する場合においては、当該委託された業務の範囲内において、水道技術管理者については第十九条第二項の規定は適用せず、受託水道業務技術管理者が同項各号（第三号を除く。）に掲げる事項に関するすべての事務に従事し、及びこれらの事務に従事する他の職員を監督する場合においては、水道事業者については、同条第一項の規定は、適用しない。

（水道施設運営権の設定の許可）

第二十四条の四　地方公共団体である水道用水供給事業者は、民間資金等の活用による公共施設等の整備等の促進に関する法律（平成十一年法律第百十七号。以下「民間資金法」という。）第十九条第一項の規定により水道施設運営等事業（水道施設の全部又は一部の運営等（民間資金法第二条第六項に規定する運営等をいう。）であつて、当該水道施設の利用に係る料金（以下「利用料金」という。）を当該運営等を行う者が自らの収入として収受する事業をいう。以下同じ。）に係る民間資金法第二条第七項に規定する公共施設等運営権（以下「水道施設運営権」という。）を設定しようとするときは、あらかじめ、厚生労働大臣の許可を受けなければならない。この場合において、当該水道事業者は、第十一条第一項の規定にかかわらず、同項の許可（水道事業の休止に係るものに限る。）を受けることを要しない。

2　水道施設運営等事業は、地方公共団体である水道事業者が、民間資金法第十九条第一項の規定により水道施設運営権を設定した場合に限り、実施することができるものとする。

3　水道施設運営権を有する者（以下「水道施設運営権者」という。）が水道施設運営等事業を実施する場合には、第六条第一項の規定にかかわらず、水道用水供給事業経営の認可を受けることを要しない。

（許可の申請）

第二十四条の五　前条第一項前段の許可の申請をするには、申請書に、水道施設運営等事業実施計画書その他厚生労働省令で定める書類（図面を含む。）を添えて、これを厚生労働大臣に提出しなければならない。

2　前項の申請書には、次に掲げる事項を記載しなければならない。

　一　申請者の主たる事務所の所在地及び名称並びに代表者の氏名

　二　申請者が水道施設運営権を設定しようとする民間資金法第二条第五項に規定する選定事業者（以下この条及び次条第一項において単に「選定事業者」という。）の主たる事務所の所在地及び名称並びに代表者の氏名

　三　選定事業者の水道事務所の所在地

3　第一項の水道施設運営等事業実施計画書には、次に掲げる事項を記載しなければならない。

　一　水道施設運営等事業の対象となる水道施設の名称及び立地

　二　水道施設運営等事業の内容

　三　水道施設運営権の存続期間

　四　水道施設運営等事業の開始の予定年月日

　五　水道用水供給事業者が、選定事業者が実施することとなる水道施設運営等事業の適正を期するために講ずる措置

　六　災害その他非常の場合における水道事業の継続のための措置

　七　水道施設運営等事業の継続が困難となつた場合における措置

　八　選定事業者の経常収支の概算

　九　選定事業者が自らの収入として収受しようとする水道施設運営等事業の対象となる水道施設の利用料金

　十　その他厚生労働省令で定める事項

（許可基準）

第二十四条の六　第二十四条の四第一項前段の許可は、その申請が次の各号のいずれにも適合していると認められるときでなければ、与えてはならない。

　一　当該水道施設運営等事業の計画が確実かつ合理的であること。

　二　当該水道施設運営等事業の対象となる水道施設の利用料金が、選定事業者を水道施設運営権者とみなして第二十四条の八第一項の規定により読み替えられた第十四条第二項（第一号、第二号及び第四号に係る部分に限る。以下この号において同じ。）の規定を適用するとしたならば同項に掲げる要件に適合すること。

　三　当該水道施設運営等事業の実施により水道の基盤の強化が見込まれること。

2　前項各号に規定する基準を適用するについて必要な技術的細目は、厚生労働省令で定める。

（水道施設運営等事業技術管理者）

第二十四条の七　水道施設運営権者は、水道施設運営等事業について技術上の業務を担当させるため、水道施設運営等事業技術管理者一人を置かなければならない。

2　水道施設運営等事業技術管理者は、水道施設運営等事業に係る業務の範囲内において、第十九条第二項各号（第三号を除く。）に掲げる事項に関する事務に従事し、及びこれらの事務に従事する他の職員を監督しなければならない。

3　水道施設運営等事業技術管理者は、第二十四条の三第五項の政令で定める資格を有する者でなければならない。

（水道施設運営等事業に関する特例）

第二十四条の八　水道施設運営権者が水道施設運営等事業を実施する場合における第十五条第二項、第二十三条第二項並びに第四十条第一項、第五項及び第八項の規定の適用については、第十五条第二項ただし書中「受けた場合」とあるのは「受けた場合（第二十四条の四第三項に規定する水道施設運営権者（第二十三条第二項において「水道施設運営権者」という。）が当該供給命令を受けた場合を含む。）」と、第二十三条第二項中「水道事業者の」とあるのは「水道用水供給事業者（水道施設運営権者を含む。以下この項において同じ。）の」と、第四十条第一項及び第五項中「又は水道用水供給事業者」とあるのは「若しくは水道用水供給事業者又は水道施設運営権者」と、同条第八項中「水道用水供給事業者」とあるのは「水道用水供給事業者若しくは水道施設運営権者」とする。

2　水道施設運営権者が水道施設運営等事業を実施する場合においては、当該水道施設運営等事業に係る業務の範囲内において、水道施設運営権者を水道事業者と、水道施設運営等事業技術管理者を水道技術管理者とみなして、第十二条、第十三条第一項（水質検査及び施設検査の実施に係る部分に限る。）及び第二項、第十七条、第二十条から第二十二条の四まで、第二十三条第一項、第二十五条の九、第三十六条第一項及び第二項、第三十七条並びに第三十九条（第二項及び第三項を除く。）の規定（これらの規定に係る罰則を含む。）を適用する。この場合において、当該水道施設運営等事業に係る業務の範囲内において、水道事業者及び水道技術管理者については、これらの規定は適用せず、第二十二条の四第一項中「更新」とあるのは、「更新（民間資金等の活用による公共施設等の整備等の促進に関する法律（平成十一年法律第百十七号）第二条第六項に規定する運営等として行うものに限る。次項において同じ。）」とする。

3　前項の規定により水道施設運営権者を水道事業者とみなして第二十五条の九の規定を適用する場合における第二十五条の十一第一項の規定の適用については、同項第五号中「水道事業者」とあるのは、「水道施設運営権者」とする。

4　水道施設運営権者が水道施設運営等事業を実施する場合においては、当該水道施設運営等事業に係る業務の範囲内において、水道技術管理者については第十九条第二項の規定は適用せず、水道施設運営等事業技術管理者が同項各号に掲げる事項に関する全ての事務に従事し、及びこれらの事務に従事する他の職員を監督する場合においては、水道事業者については、同条第一項の規定は、適用しない。

第五章　専用水道

（確認）

第三十二条　専用水道の布設工事をしようとする者は、その工事に着手する前に、当該工事の設計が第五条の規定による施設基準に適合するものであることについて、都道府県知事の確認を受けなければならない。

（確認の申請）

第三十三条

前条の確認の申請をするには、申請書に、工事設計書その他厚生労働省令で定める書類（図面を含む。）を添えて、これを都道府県知事に提出しなければならない。

2　前項の申請書には、次に掲げる事項を記載しなければならない。

一　申請者の住所及び氏名（法人又は組合にあつては、主たる事務所の所在地及び名称並びに代表者の氏名）

二　水道事務所の所在地

3　専用水道の設置者は、前項に規定する申請書の記載事項に変更を生じたときは、速やかに、その旨を都道府県知事に届け出なければならない。

4　第一項の工事設計書には、次に掲げる事項を記載しなければならない。

一　一日最大給水量及び一日平均給水量

二　水源の種別及び取水地点

　　三　水源の水量の概算及び水質試験の結果

　　四　水道施設の概要

　　五　水道施設の位置（標高及び水位を含む。）、規模及び構造

　　六　浄水方法

　　七　工事の着手及び完了の予定年月日

　　八　その他厚生労働省令で定める事項

5　都道府県知事は、第一項の申請を受理した場合において、当該工事の設計が第五条の規定による施設基準に適合することを確認したときは、申請者にその旨を通知し、適合しないと認めたとき、又は申請書の添附書類によつては適合するかしないかを判断することができないときは、その適合しない点を指摘し、又はその判断することができない理由を附して、申請者にその旨を通知しなければならない。

6　前項の通知は、第一項の申請を受理した日から起算して三十日以内に、書面をもつてしなければならない。

　（準用）

第三十四条　第十三条、第十九条（第二項第三号及び第七号を除く。）、第二十条から第二十二条の二まで、第二十三条及び第二十四条の三（第七項を除く。）の規定は、専用水道の設置者について準用する。この場合において、次の表の上欄に掲げる規定中同表の中欄に掲げる字句は、それぞれ同表の下欄に掲げる字句に読み替えるものとする。

2　一日最大給水量が千立方メートル以下である専用水道については、当該水道が消毒設備以外の浄水施設を必要とせず、かつ、自然流下のみによつて給水することができるものであるときは、前項の規定にかかわらず、第十九条第三項の規定を準用しない。

（準用の読み替え）

（給水開始前の届出及び検査）

第十三条　専用水道の設置者は、配水施設以外の水道施設又は配水池を新設し、増設し、又は改造した場合において、その新設、増設又は改造に係る施設を使用して給水を開始しようとするときは、あらかじめ、都道府県知事にその旨を届け出で、かつ、厚生労働省令の定めるところにより、水質検査及び施設検査を行わなければならない。

2　専用水道の設置者は、前項の規定による水質検査及び施設検査を行つたときは、これに関する記録を作成し、その検査を行つた日から起算して五年間、これを保存しなければならない。

（水道技術管理者）

第十九条　専用水道の設置者は、水道の管理について技術上の業務を担当させるため、水道技術管理者一人を置かなければならない。ただし、自ら水道技術管理者となることを妨げない。

2　水道技術管理者は、次に掲げる事項（第三号及び第七号に掲げる事項を除く。）に関する事務に従事し、及びこれらの事務に従事する他の職員を監督しなければならない。

　　一　水道施設が第五条の規定による施設基準に適合しているかどうかの検査（第二十二条

　　の二第二項に規定する点検を含む。）

　二　第十三条第一項の規定による水質検査及び施設検査

　三　（適用せず）

　四　次条第一項の規定による水質検査

　五　第二十一条第一項の規定による健康診断

　六　第二十二条の規定による衛生上の措置

　七　（適用せず）

　八　第二十三条第一項の規定による給水の緊急停止

　九　第三十七条前段の規定による給水停止

3　水道技術管理者は、政令で定める資格（当該水道事業者が地方公共団体である場合にあつては、当該資格を参酌して当該地方公共団体の条例で定める資格）を有する者でなければならない。

（水質検査）

第二十条　専用水道の設置者は、厚生労働省令の定めるところにより、定期及び臨時の水質検査を行わなければならない。

2　専用水道の設置者は、前項の規定による水質検査を行つたときは、これに関する記録を作成し、水質検査を行つた日から起算して五年間、これを保存しなければならない。

3　専用水道の設置者は、第一項の規定による水質検査を行うため、必要な検査施設を設けなければならない。ただし、当該水質検査を、厚生労働省令の定めるところにより、地方公共団体の機関又は厚生労働大臣の登録を受けた者に委託して行うときは、この限りでない。

（登録）

第二十条の二　前条第三項の登録は、厚生労働省令で定めるところにより、水質検査を行おうとする者の申請により行う。

（給水の緊急停止）

第二十三条　専用水道の設置者は、その供給する水が人の健康を害するおそれがあることを知つたときは、直ちに給水を停止し、かつ、その水を使用することが危険である旨を関係者に周知させる措置を講じなければならない。

2　専用水道の設置者の供給する水が人の健康を害するおそれがあることを知つた者は、直ちにその旨を当該専用水道の設置者に通報しなければならない。

（業務の委託）

第二十四条の三　専用水道の設置者は、政令で定めるところにより、水道の管理に関する技術上の業務の全部又は一部を他の水道事業者若しくは水道用水供給事業者又は当該業務を適正かつ確実に実施することができる者として政令で定める要件に該当するものに委託することができる。

2　専用水道の設置者は、前項の規定により業務を委託したときは、遅滞なく、厚生労働省令で定める事項を厚生労働大臣に届け出なければならない。委託に係る契約が効力を失つたときも、同様とする。

3　第一項の規定により業務の委託を受ける者（以下「水道管理業務受託者」という。）は、

水道の管理について技術上の業務を担当させるため、受託水道業務技術管理者一人を置かなければならない。

4　受託水道業務技術管理者は、第一項の規定により委託された業務の範囲内において第十九条第二項各号（第三号及び第七号を除く。）に掲げる事項に関する事務に従事し、及びこれらの事務に従事する他の職員を監督しなければならない。

5　受託水道業務技術管理者は、政令で定める資格を有する者でなければならない。

6　第一項の規定により水道の管理に関する技術上の業務を委託する場合においては、当該委託された業務の範囲内において、水道管理業務受託者を水道事業者と、受託水道業務技術管理者を水道技術管理者とみなして、第十三条第一項（水質検査及び施設検査の実施に係る部分に限る。）及び第二項、第十七条、第二十条から第二十二条の三まで、第二十三条第一項、第三十六条第二項並びに第三十九条（第一項及び第三項を除く。）の規定（これらの規定に係る罰則を含む。）を適用する。この場合において、当該委託された業務の範囲内において、水道事業者及び水道技術管理者については、これらの規定は、適用しない。

7　（適用せず）

8　第一項の規定により水道の管理に関する技術上の業務を委託する場合においては、当該委託された業務の範囲内において、水道技術管理者については第十九条第二項の規定は適用せず、受託水道業務技術管理者が同項各号（第三号及び第七号を除く。）に掲げる事項に関するすべての事務に従事し、及びこれらの事務に従事する他の職員を監督する場合においては、水道事業者については、同条第一項の規定は、適用しない。

第六章　簡易専用水道

第三十四条の二　簡易専用水道の設置者は、厚生労働省令で定める基準に従い、その水道を管理しなければならない。

2　簡易専用水道の設置者は、当該簡易専用水道の管理について、厚生労働省令の定めるところにより、定期に、地方公共団体の機関又は厚生労働大臣の登録を受けた者の検査を受けなければならない。

Point
_____

○通称「34条機関」と呼ばれる。

（検査の義務）

第三十四条の三　前条第二項の登録を受けた者は、簡易専用水道の管理の検査を行うことを求められたときは、正当な理由がある場合を除き、遅滞なく、簡易専用水道の管理の検査を行わなければならない。

（準用）

第三十四条の四　第二十条の二から第二十条の五までの規定は第三十四条の二第二項の登録について、第二十条の六第二項の規定は簡易専用水道の管理の検査について、第二十条の七から第二十条の十六までの規定は第三十四条の二第二項の登録を受けた者について、それぞれ準用する。こ

の場合において、次の表の上欄に掲げる規定中同表の中欄に掲げる字句は、それぞれ同表の下欄
に掲げる字句に読み替えるものとする。

（準用の読み替え）

（登録）

第二十条の二　前条第三項の登録は、厚生労働省令で定めるところにより、簡易専用水道の
　管理の検査を行おうとする者の申請により行う。

（欠格条項）

第二十条の三　次の各号のいずれかに該当する者は、第二十条第三項の登録を受けることが
　できない。

　一　この法律又はこの法律に基づく命令に違反し、罰金以上の刑に処せられ、その執行を
　　終わり、又は執行を受けることがなくなつた日から二年を経過しない者

　二　第二十条の十三の規定により登録を取り消され、その取消しの日から二年を経過しな
　　い者

　三　法人であつて、その業務を行う役員のうちに前二号のいずれかに該当する者があるも
　　の

（登録基準）

第二十条の四　厚生労働大臣は、第二十条の二の規定により登録を申請した者が次に掲げる
　要件のすべてに適合しているときは、その登録をしなければならない。

　一　簡易専用水道の管理の検査を行うために必要な検査設備を有し、これを用いて簡易専
　　用水道の管理の検査を行うものであること。

　二　別表第二に掲げるいずれかの条件に適合する知識経験を有する者が簡易専用水道の管
　　理の検査を実施し、その人数が三名以上であること。

　三　次に掲げる簡易専用水道の管理の検査の信頼性の確保のための措置がとられているこ
　　と。

　　イ　簡易専用水道の管理の検査を行う部門に専任の管理者が置かれていること。

　　ロ　簡易専用水道の管理の検査の業務の管理及び精度の確保に関する文書が作成されて
　　　いること。

　　ハ　ロに掲げる文書に記載されたところに従い、専ら簡易専用水道の管理の検査の業務
　　　の管理及び精度の確保を行う部門が置かれていること。

2　登録は、簡易専用水道検査機関登録簿に次に掲げる事項を記載してするものとする。

　一　登録年月日及び登録番号

　二　登録を受けた者の氏名又は名称及び住所並びに法人にあつては、その代表者の氏名

　三　登録を受けた者が観戦用水道の管理の検査を行う区域及び登録を受けた者が簡易専用
　　水道の管理の検査を行う事業所の所在地

（登録の更新）

第二十条の五　第二十条第三項の登録は、三年を下らない政令で定める期間ごとにその更新
　を受けなければ、その期間の経過によつて、その効力を失う。

2　前三条の規定は、前項の登録の更新について準用する。

（受託義務等）

第二十条の六　（適用せず）

2　第三十四条の二第二項の登録を受けた者は、公正に、かつ、厚生労働省令で定める方法により水質検査を行わなければならない。

（変更の届出）

第二十条の七　第三十四条の二第二項の登録を受けた者は、氏名若しくは名称、住所、簡易専用水道の管理の検査を行う区域又は簡易専用水道の管理の検査を行う事業所の所在地を変更しようとするときは、変更しようとする日の二週間前までに、その旨を厚生労働大臣に届け出なければならない。

（業務規程）

第二十条の八　第三十四条の二第二項の登録を受けた者は、簡易専用水道の管理の検査の業務に関する規程（以下「簡易専用水道検査業務規程」という。）を定め、簡易専用水道の管理の検査の業務の開始前に、厚生労働大臣に届け出なければならない。これを変更しようとするときも、同様とする。

2　簡易専用水道検査業務規程には、簡易専用水道の管理の検査の実施方法、簡易専用水道の管理の検査に関する料金その他の厚生労働省令で定める事項を定めておかなければならない。

（業務の休廃止）

第二十条の九　第三十四条の二第二項の登録を受けた者は、簡易専用水道の管理の検査の業務の全部又は一部を休止し、又は廃止しようとするときは、休止又は廃止しようとする日の二週間前までに、その旨を厚生労働大臣に届け出なければならない。

（財務諸表等の備付け及び閲覧等）

第二十条の十　第三十四条の二第二項の登録を受けた者は、毎事業年度経過後三月以内に、その事業年度の財産目録、貸借対照表及び損益計算書又は収支計算書並びに事業報告書（その作成に代えて電磁的記録（電子的方式、磁気的方式その他の人の知覚によつては認識することができない方式で作られる記録であつて、電子計算機による情報処理の用に供されるものをいう。以下同じ。）の作成がされている場合における当該電磁的記録を含む。次項において「財務諸表等」という。）を作成し、五年間事業所に備えて置かなければならない。

2　簡易専用水道の設置者その他の利害関係人は、第三十四条の二第二項の登録を受けた者の業務時間内は、いつでも、次に掲げる請求をすることができる。ただし、第二号又は第四号の請求をするには、第三四条のに第二項の登録を受けた者の定めた費用を支払わなければならない。

一　財務諸表等が書面をもつて作成されているときは、当該書面の閲覧又は謄写の請求

二　前号の書面の謄本又は抄本の請求

三　財務諸表等が電磁的記録をもつて作成されているときは、当該電磁的記録に記録された事項を厚生労働省令で定める方法により表示したものの閲覧又は謄写の請求

四　前号の電磁的記録に記録された事項を電磁的方法であつて厚生労働省令で定めるもの

により提供することの請求又は当該事項を記載した書面の交付の請求

（適合命令）

第二十条の十一　厚生労働大臣は、第三十四条の二第二項の登録を受けた者が第二十条の四第一項各号のいずれかに適合しなくなつたと認めるときは、その登録水質検査機関に対し、これらの規定に適合するため必要な措置をとるべきことを命ずることができる。

（改善命令）

第二十条の十二　厚生労働大臣は、第三十四条の二第二項の登録を受けた者が第二十条の六第一項又は第二項の規定に違反していると認めるときは、その第三十四条の二第二項の登録を受けた者に対し、簡易専用水道の管理の検査を受託すべきこと又は簡易専用水道の管理の検査の方法その他の業務の方法の改善に関し必要な措置をとるべきことを命ずることができる。

（登録の取消し等）

第二十条の十三　厚生労働大臣は、第三十四条の二第二項の登録を受けた者が次の各号のいずれかに該当するときは、その登録を取り消し、又は期間を定めて水質検査の業務の全部若しくは一部の停止を命ずることができる。

一　第二十条の三第一号又は第三号に該当するに至つたとき。

二　第二十条の七から第二十条の九まで、第二十条の十一第一項又は次条の規定に違反したとき。

三　正当な理由がないのに第二十条の十第二項各号の規定による請求を拒んだとき。

四　第二十条の十一又は前条の規定による命令に違反したとき。

五　不正の手段により第三十四条の二第二項の登録を受けたとき。

（帳簿の備付け）

第二十条の十四　第三十四条の二第二項の登録を受けた者は、厚生労働省令で定めるところにより、簡易専用水道の管理の検査に関する事項で厚生労働省令で定めるものを記載した帳簿を備え、これを保存しなければならない。

（報告の徴収及び立入検査）

第二十条の十五　厚生労働大臣は、簡易専用水道の管理の検査の適正な実施を確保するため必要があると認めるときは、第三十四条の二第二項の登録を受けた者に対し、業務の状況に関し必要な報告を求め、又は当該職員に、第三十四条の二第二項の登録を受けた者の事務所又は事業所に立ち入り、業務の状況若しくは検査施設、帳簿、書類その他の物件を検査させることができる。

2　前項の規定により立入検査を行う職員は、その身分を示す証明書を携帯し、関係者の請求があつたときは、これを提示しなければならない。

3　第一項の規定による権限は、犯罪捜査のために認められたものと解釈してはならない。

（公示）

第二十条の十六　厚生労働大臣は、次の場合には、その旨を公示しなければならない。

一　第三十四条の二第二項の登録をしたとき。

二　第二十条の七の規定による届出があつたとき。

　　三　第二十条の九の規定による届出があつたとき。

　　四　第二十条の十三の規定により第三十四条の二第二項の登録を取り消し、又は簡易専用
　　　水道の管理の検査検査の業務の停止を命じたとき。

第七章　監督

（認可の取消し）

第三十五条　厚生労働大臣は、水道事業者又は水道用水供給事業者が、正当な理由がなくて、事業
　認可の申請書に添附した工事設計書に記載した工事着手の予定年月日の経過後一年以内に工事に
　着手せず、若しくは工事完了の予定年月日の経過後一年以内に工事を完了せず、又は事業計画書
　に記載した給水開始の予定年月日の経過後一年以内に給水を開始しないときは、事業の認可を取
　り消すことができる。この場合において、工事完了の予定年月日の経過後一年を経過した時に一
　部の工事を完了していたときは、その工事を完了していない部分について事業の認可を取り消す
　こともできる。

2　地方公共団体以外の水道事業者について前項に規定する理由があるときは、当該水道事業の給
　水区域をその区域に含む市町村は、厚生労働大臣に同項の処分をなすべきことを求めることがで
　きる。

3　厚生労働大臣は、地方公共団体である水道事業者又は水道用水供給事業者に対して第一項の処
　分をするには、当該水道事業者又は水道用水供給事業者に対して弁明の機会を与えなければなら
　ない。この場合においては、あらかじめ、書面をもつて弁明をなすべき日時、場所及び当該処分
　をなすべき理由を通知しなければならない。

（改善の指示等）

第三十六条　厚生労働大臣は水道事業又は水道用水供給事業について、都道府県知事は専用水道に
　ついて、当該水道施設が第五条の規定による施設基準に適合しなくなつたと認め、かつ、国民の
　健康を守るため緊急に必要があると認めるときは、当該水道事業者若しくは水道用水供給事業者
　又は専用水道の設置者に対して、期間を定めて、当該施設を改善すべき旨を指示することができる。

2　厚生労働大臣は水道事業又は水道用水供給事業について、都道府県知事は専用水道について、
　水道技術管理者がその職務を怠り、警告を発したにもかかわらずなお継続して職務を怠つたとき
　は、当該水道事業者若しくは水道用水供給事業者又は専用水道の設置者に対して、水道技術管理
　者を変更すべきことを勧告することができる。

3　都道府県知事は、簡易専用水道の管理が第三十四条の二第一項の厚生労働省令で定める基準に
　適合していないと認めるときは、当該簡易専用水道の設置者に対して、期間を定めて、当該簡易
　専用水道の管理に関し、清掃その他の必要な措置を採るべき旨を指示することができる。

（給水停止命令）

第三十七条　厚生労働大臣は水道事業者又は水道用水供給事業者が、都道府県知事は専用水道又は
　簡易専用水道の設置者が、前条第一項又は第三項の規定に基づく指示に従わない場合において、
　給水を継続させることが当該水道の利用者の利益を阻害すると認めるときは、その指示に係る事
　項を履行するまでの間、当該水道による給水を停止すべきことを命ずることができる。同条第二
　項の規定に基づく勧告に従わない場合において、給水を継続させることが当該水道の利用者の利

益を阻害すると認めるときも、同様とする。

（供給条件の変更）

第三十八条　厚生労働大臣は、地方公共団体以外の水道事業者の料金、給水装置工事の費用の負担区分その他の供給条件が、社会的経済的事情の変動等により著しく不適当となり、公共の利益の増進に支障があると認めるときは、当該水道事業者に対し、相当の期間を定めて、供給条件の変更の認可を申請すべきことを命ずることができる。

2　厚生労働大臣は、水道事業者が前項の期間内に同項の申請をしないときは、供給条件を変更することができる。

（報告の徴収及び立入検査）

第三十九条　厚生労働大臣は、水道（水道事業等の用に供するものに限る。以下この項において同じ。）の布設若しくは管理又は水道事業若しくは水道用水供給事業の適正を確保するために必要があると認めるときは、水道事業者若しくは水道用水供給事業者から工事の施行状況若しくは事業の実施状況について必要な報告を徴し、又は当該職員をして水道の工事現場、事務所若しくは水道施設のある場所に立ち入らせ、工事の施行状況、水道施設、水質、水圧、水量若しくは必要な帳簿書類（その作成又は保存に代えて電磁的記録の作成又は保存がされている場合における当該電磁的記録を含む。次項及び第四十条第八項において同じ。）を検査させることができる。

2　都道府県知事は、水道（水道事業等の用に供するものを除く。以下この項において同じ。）の布設又は管理の適正を確保するために必要があると認めるときは、専用水道の設置者から工事の施行状況若しくは専用水道の管理について必要な報告を徴し、又は当該職員をして水道の工事現場、事務所若しくは水道施設のある場所に立ち入らせ、工事の施行状況、水道施設、水質、水圧、水量若しくは必要な帳簿書類を検査させることができる。

3　都道府県知事は、簡易専用水道の管理の適正を確保するために必要があると認めるときは、簡易専用水道の設置者から簡易専用水道の管理について必要な報告を徴し、又は当該職員をして簡易専用水道の用に供する施設の在る場所若しくは設置者の事務所に立ち入らせ、その施設、水質若しくは必要な帳簿書類を検査させることができる。

4　前三項の規定により立入検査を行う場合には、当該職員は、その身分を示す証明書を携帯し、かつ、関係者の請求があつたときは、これを提示しなければならない。

5　第一項、第二項又は第三項の規定による立入検査の権限は、犯罪捜査のために認められたものと解釈してはならない。

　　第八章　雑則

（災害その他非常の場合における連携及び協力の確保）

第三十九条の二　国、都道府県、市町村及び水道事業者等並びにその他の関係者は、災害その他非常の場合における応急の給水及び速やかな水道施設の復旧を図るため、相互に連携を図りながら協力するよう努めなければならない。

（水道用水の緊急応援）

第四十条　都道府県知事は、災害その他非常の場合において、緊急に水道用水を補給することが公共の利益を保護するために必要であり、かつ、適切であると認めるときは、水道事業者又は水道用水供給事業者に対して、期間、水量及び方法を定めて、水道施設内に取り入れた水を他の水道

事業者又は水道用水供給事業者に供給すべきことを命ずることができる。

2　厚生労働大臣は、前項に規定する都道府県知事の権限に属する事務について、国民の生命及び健康に重大な影響を与えるおそれがあると認めるときは、都道府県知事に対し同項の事務を行うことを指示することができる。

3　第一項の場合において、都道府県知事が同項に規定する権限に属する事務を行うことができないと厚生労働大臣が認めるときは、同項の規定にかかわらず、当該事務は厚生労働大臣が行う。

4　第一項及び前項の場合において、供給の対価は、当事者間の協議によって定める。協議が調わないとき、又は協議をすることができないときは、都道府県知事が供給に要した実費の額を基準として裁定する。

5　第一項及び前項に規定する都道府県知事の権限に属する事務は、需要者たる水道事業者又は水道用水供給事業者に係る第四十八条の規定による管轄都道府県知事と、供給者たる水道事業者又は水道用水供給事業者に係る同条の規定による管轄都道府県知事とが異なるときは、第一項及び前項の規定にかかわらず、厚生労働大臣が行う。

6　第四項の規定による裁定に不服がある者は、その裁定を受けた日から六箇月以内に、訴えをもつて供給の対価の増減を請求することができる。

7　前項の訴においては、供給の他の当事者をもつて被告とする。

8　都道府県知事は、第一項及び第四項の事務を行うために必要があると認めるときは、水道事業者若しくは水道用水供給事業者から、事業の実施状況について必要な報告を徴し、又は当該職員をして、事務所若しくは水道施設のある場所に立ち入らせ、水道施設、水質、水圧、水量若しくは必要な帳簿書類を検査させることができる。

9　三十九条第四項及び第五項の規定は、前項の規定による都道府県知事の行う事務について準用する。この場合において、同条第四項中「前三項」とあり、及び同条第五項中「第一項、第二項又は第三項」とあるのは、「第四十条第八項」と読み替えるものとする。

（合理化の勧告）

第四十一条　厚生労働大臣は、二以上の水道事業者間若しくは二以上の水道用水供給事業者間又は水道事業者と水道用水供給事業者との間において、その事業を一体として経営し、又はその給水区域の調整を図ることが、給水区域、給水人口、給水量、水源等に照らし合理的であり、かつ、著しく公共の利益を増進すると認めるときは、関係者に対しその旨の勧告をすることができる。

（地方公共団体による買収）

第四十二条　地方公共団体は、地方公共団体以外の者がその区域内に給水区域を設けて水道事業を経営している場合において、当該水道事業者が第三十六条第一項の規定による施設の改善の指示に従わないとき、又は公益の必要上当該給水区域をその区域に含む市町村から給水区域を拡張すべき旨の要求があつたにもかかわらずこれに応じないとき、その他その区域内において自ら水道事業を経営することが公益の増進のために適正かつ合理的であると認めるときは、厚生労働大臣の認可を受けて、当該水道事業者から当該水道の水道施設及びこれに付随する土地、建物その他の物件並びに水道事業を経営するために必要な権利を買収することができる。

2　地方公共団体は、前項の規定により水道施設等を買収しようとするときは、買収の範囲、価額及びその他の買収条件について、当該水道事業者と協議しなければならない。

3　前項の協議が調わないとき、又は協議をすることができないときは、厚生労働大臣が裁定する。この場合において、買収価額については、時価を基準とするものとする。

4　前項の規定による裁定があつたときは、裁定の効果については、土地収用法（昭和二十六年法律第二百十九号）に定める収用の効果の例による。

5　第三項の規定による裁定のうち買収価額に不服がある者は、その裁定を受けた日から六箇月以内に、訴えをもつてその増減を請求することができる。

6　前項の訴においては、買収の他の当事者をもつて被告とする。

7　第三項の規定による裁定についての審査請求においては、買収価額についての不服をその裁定についての不服の理由とすることができない。

（水源の汚濁防止のための要請等）

第四十三条　水道事業者又は水道用水供給事業者は、水源の水質を保全するため必要があると認めるときは、関係行政機関の長又は関係地方公共団体の長に対して、水源の水質の汚濁の防止に関し、意見を述べ、又は適当な措置を講ずべきことを要請することができる。

（国庫補助）

第四十四条　国は、水道事業又は水道用水供給事業を経営する地方公共団体に対し、その事業に要する費用のうち政令で定めるものについて、予算の範囲内において、政令の定めるところにより、その一部を補助することができる。

（国の特別な助成）

第四十五条　国は、地方公共団体が水道施設の新設、増設若しくは改造又は災害の復旧を行う場合には、これに必要な資金の融通又はそのあつせんにつとめなければならない。

（研究等の推進）

第四十五条の二　国は、水道に係る施設及び技術の研究、水質の試験及び研究、日常生活の用に供する水の適正かつ合理的な供給及び利用に関する調査及び研究その他水道に関する研究及び試験並びに調査の推進に努めるものとする。

（手数料）

第四十五条の三　給水装置工事主任技術者免状の交付、書換え交付又は再交付を受けようとする者は、国に、実費を勘案して政令で定める額の手数料を納付しなければならない。

2　給水装置工事主任技術者試験を受けようとする者は、国（指定試験機関が試験事務を行う場合にあつては、指定試験機関）に、実費を勘案して政令で定める額の受験手数料を納付しなければならない。

3　前項の規定により指定試験機関に納められた受験手数料は、指定試験機関の収入とする。

（都道府県が処理する事務）

第四十六条　この法律に規定する厚生労働大臣の権限に属する事務の一部は、政令で定めるところにより、都道府県知事が行うこととすることができる。

2　この法律（第三十二条、第三十三条第一項、第三項及び第五項、第三十四条第一項において準用する第十三条第一項及び第二十四条の三第二項、第三十六条、第三十七条並びに第三十九条第二項及び第三項に限る。）の規定により都道府県知事の権限に属する事務の一部は、地方自治法（昭和二十二年法律第六十七号）で定めるところにより、町村長が行うこととすることができる。

第四十七条　削除

（管轄都道府県知事）

第四十八条　この法律又はこの法律に基づく政令の規定により都道府県知事の権限に属する事務は、第三十九条（立入検査に関する部分に限る。）及び第四十条に定めるものを除き、水道事業、専用水道及び簡易専用水道について当該事業又は水道により水が供給される区域が二以上の都道府県の区域にまたがる場合及び水道用水供給事業について当該事業から用水の供給を受ける水道事業により水が供給される区域が二以上の都道府県の区域にまたがる場合は、政令で定めるところにより関係都道府県知事が行う。

（市又は特別区に関する読替え等）

第四十八条の二　市又は特別区の区域においては、第三十二条、第三十三条第一項、第三項及び第五項、第三十四条第一項において準用する第十三条第一項及び第二十四条の三第二項、第三十六条、第三十七条並びに第三十九条第二項及び第三項中「都道府県知事」とあるのは、「市長」又は「区長」と読み替えるものとする。

2　前項の規定により読み替えられた場合における前条の規定の適用については、市長又は特別区の区長を都道府県知事と、市又は特別区を都道府県とみなす。

（審査請求）

第四十八条の三　指定試験機関が行う試験事務に係る処分又はその不作為については、厚生労働大臣に対し、審査請求をすることができる。この場合において、厚生労働大臣は、行政不服審査法（平成二十六年法律第六十八号）第二十五条第二項及び第三項、第四十六条第一項及び第二項、第四十七条並びに第四十九条第三項の規定の適用については、指定試験機関の上級行政庁とみなす。

（特別区に関する読替）

第四十九条　特別区の存する区域においては、この法律中「市町村」とあるのは、「都」と読み替えるものとする。

（国の設置する専用水道に関する特例）

第五十条　この法律中専用水道に関する規定は、第五十二条、第五十三条、第五十四条、第五十五条及び第五十六条の規定を除き、国の設置する専用水道についても適用されるものとする。

2　国の行う専用水道の布設工事については、あらかじめ厚生労働大臣に当該工事の設計を届け出で、厚生労働大臣からその設計が第五条の規定による施設基準に適合する旨の通知を受けたときは、第三十二条の規定にかかわらず、その工事に着手することができる。

3　第三十三条の規定は、前項の規定による届出及び厚生労働大臣がその届出を受けた場合における手続について準用する。この場合において、同条第二項及び第三項中「申請書」とあるのは、「届出書」と読み替えるものとする。

4　国の設置する専用水道については、第三十四条第一項において準用する第十三条第一項及び第二十四条の三第二項並びに前章に定める都道府県知事（第四十八条の二第一項の規定により読み替えられる場合にあつては、市長又は特別区の区長）の権限に属する事務は、厚生労働大臣が行う。
　　一〇五・一部改正）

（国の設置する簡易専用水道に関する特例）

第五十条の二　この法律中簡易専用水道に関する規定は、第五十三条、第五十四条、第五十五条及

び第五十六条の規定を除き、国の設置する簡易専用水道についても適用されるものとする。

2　国の設置する簡易専用水道については、第三十六条第三項、第三十七条及び第三十九条第三項に定める都道府県知事（第四十八条の二第一項の規定により読み替えられる場合にあつては、市長又は特別区の区長）の権限に属する事務は、厚生労働大臣が行う。

一部改正）

（経過措置）

第五十条の三　この法律の規定に基づき命令を制定し、又は改廃する場合においては、その命令で、その制定又は改廃に伴い合理的に必要と判断される範囲内において、所要の経過措置（罰則に関する経過措置を含む。）を定めることができる。

第九章　罰則

第五十一条　水道施設を損壊し、その他水道施設の機能に障害を与えて水の供給を妨害した者は、五年以下の懲役又は百万円以下の罰金に処する。

2　みだりに水道施設を操作して水の供給を妨害した者は、二年以下の懲役又は五十万円以下の罰金に処する。

3　前二項の規定にあたる行為が、刑法の罪に触れるときは、その行為者は、同法の罪と比較して、重きに従つて処断する。

第五十二条　次の各号のいずれかに該当する者は、三年以下の懲役又は三百万円以下の罰金に処する。

一　第六条第一項の規定による認可を受けないで水道事業を経営した者

二　第二十三条第一項（第三十一条及び第三十四条第一項において準用する場合を含む。）の規定に違反した者

三　第二十六条の規定による認可を受けないで水道用水供給事業を経営した者

第五十三条　次の各号のいずれかに該当する者は、一年以下の懲役又は百万円以下の罰金に処する。

一　第十条第一項前段の規定に違反した者

二　第十一条第一項（第三十一条において準用する場合を含む。）の規定に違反した者

三　第十五条第一項の規定に違反した者

四　第十五条第二項（第二十四条の八第一項（第三十一条において準用する場合を含む。）の規定により読み替えて適用する場合を含む。）（第三十一条において準用する場合を含む。）の規定に違反して水を供給しなかつた者

五　第十九条第一項（第三十一条及び第三十四条第一項において準用する場合を含む。）の規定に違反した者

六　第二十四条の三第一項（第三十一条及び第三十四条第一項において準用する場合を含む。）の規定に違反して、業務を委託した者

七　第二十四条の三第三項（第三十一条及び第三十四条第一項において準用する場合を含む。）の規定に違反した者

八　第二十四条の七第一項（第三十一条において準用する場合を含む。）の規定に違反した者

九　第三十七条の規定による給水停止命令に違反した者

十　第四十条第一項及び第三項の規定による命令に違反した者

十一　第四十条第一項（第二十四条の八第一項（第三十一条において準用する場合を含む。）の

規定により読み替えて適用する場合を含む。）及び第三項の規定による命令に違反した者

第五十三条の二　第二十条の十三（第三十四条の四において準用する場合を含む。）の規定による業務の停止の命令に違反した者は、一年以下の懲役又は百万円以下の罰金に処する。

第五十三条の三　第二十五条の十七第一項の規定に違反した者は、一年以下の懲役又は百万円以下の罰金に処する。

第五十三条の四　第二十五条の二十四第二項の規定による試験事務の停止の命令に違反したときは、その違反行為をした指定試験機関の役員又は職員は、一年以下の懲役又は百万円以下の罰金に処する。

第五十四条　次の各号のいずれかに該当する者は、百万円以下の罰金に処する。

一　第九条第一項（第十条第二項において準用する場合を含む。）の規定により認可に附せられた条件に違反した者

二　第十三条第一項（第三十一条及び第三十四条第一項において準用する場合を含む。）の規定に違反して水質検査又は施設検査を行わなかつた者

三　第二十条第一項（第三十一条及び第三十四条第一項において準用する場合を含む。）の規定に違反した者

四　第二十一条第一項（第三十一条及び第三十四条第一項において準用する場合を含む。）の規定に違反した者

五　第二十二条（第三十一条及び第三十四条第一項において準用する場合を含む。）の規定に違反した者

六　第二十九条第一項（第三十条第二項において準用する場合を含む。）の規定により認可に附せられた条件に違反した者

七　第三十二条の規定による確認を受けないで専用水道の布設工事に着手した者

八　第三十四条の二第二項の規定に違反した者

第五十五条　次の各号のいずれかに該当する者は、三十万円以下の罰金に処する。

一　地方公共団体以外の水道事業者であつて、第七条第四項第七号の規定により事業計画書に記載した供給条件（第十四条第六項の規定による認可があつたときは、認可後の供給条件、第三十八条第二項の規定による変更があつたときは、変更後の供給条件）によらないで、料金又は給水装置工事の費用を受け取つたもの

二　第十条第三項、第十一条第三項（第三十一条において準用する場合を含む。）、第二十四条の三第二項（第三十一条及び第三十四条第一項において準用する場合を含む。）又は第三十条第三項の規定による届出をせず、又は虚偽の届出をした者

三　第三十九条第一項、第二項、第三項又は第四十条第八項（第二十四条の八第一項（第三十一条において準用する場合を含む。）の規定により読み替えて適用する場合を含む。）の規定による報告をせず、若しくは虚偽の報告をし、又は当該職員の検査を拒み、妨げ、若しくは忌避した者

第五十五条の二　次の各号のいずれかに該当する者は、三十万円以下の罰金に処する。

一　第二十条の九（第三十四条の四において準用する場合を含む。）の規定による届出をせず、又は虚偽の届出をした者

二　第二十条の十四（第三十四条の四において準用する場合を含む。）の規定に違反して帳簿を備えず、帳簿に記載せず、若しくは帳簿に虚偽の記載をし、又は帳簿を保存しなかつた者

三　第二十条の十五第一項（第三十四条の四において準用する場合を含む。）の規定による報告をせず、若しくは虚偽の報告をし、又は当該職員の検査を拒み、妨げ、若しくは忌避した者

第五十五条の三　次の各号のいずれかに該当するときは、その違反行為をした指定試験機関の役員又は職員は、三十万円以下の罰金に処する。

一　第二十五条の二十の規定に違反して帳簿を備えず、帳簿に記載せず、若しくは帳簿に虚偽の記載をし、又は帳簿を保存しなかつたとき。

二　第二十五条の二十二第一項の規定による報告を求められて、報告をせず、若しくは虚偽の報告をし、又は同項の規定による立入り若しくは検査を拒み、妨げ、若しくは忌避したとき。

三　第二十五条の二十三第一項の規定による許可を受けないで、試験事務の全部を廃止したとき。

第五十六条　法人の代表者又は法人若しくは人の代理人、使用人その他の従業者が、その法人又は人の業務に関して第五十二条から第五十三条の二まで又は第五十四条から第五十五条の二までの違反行為をしたときは、行為者を罰するほか、その法人又は人に対しても、各本条の罰金刑を科する。

第五十七条　正当な理由がないのに第二十五条の五第三項の規定による命令に違反して給水装置工事主任技術者免状を返納しなかつた者は、十万円以下の過料に処する。

Point

○水道、飲料水に関する刑罰については、刑法に以下の規定がある。
○刑法
　　　第15章　飲料水に関する罪
　（浄水汚染）
第百四十二条　人の飲料に供する浄水を汚染し、よって使用することができないようにした者は、六月以下の懲役又は十万円以下の罰金に処する
　（水道汚染）
第百四十三条　水道により公衆に供給する飲料の浄水又はその水源を汚染し、よって使用することができないようにした者は、六月以上七年以下の懲役に処する。
　（浄水毒物等混入）
第百四十四条　人の飲料に供する浄水に毒物その他人の健康を害すべき物を混入した者は、三年以下の懲役に処する。
　（浄水汚染等致死傷）
第百四十五条　前三条の罪を犯し、よって人を死傷させた者は、傷害の罪と比較して、重い刑により処する。
　（水道毒物等混入及び同致死）
第百四十六条　水道により公衆に供給する飲料の浄水又はその水源に毒物その他人の健康を害すべき物を混入した者は、二年以上の有期懲役に処する。よって人を死亡させた者は、死刑又は無期若しくは五年以上の懲役に処する。
　（水道損壊及び閉塞）
第百四十七条　公衆の飲料に供する浄水の水道を損壊し、又は閉塞した者は、一年以上十年以下の懲役に処する。

　　附　則　（略）

第4章　水道法の理解のポイント

4－1　水道の種類

水道の種類は大きく、個別の家屋にまで供給（末端供給）する事業か否か、更に一般を対象とし不特定需要に応ずるものと特定需要にのみ応ずるものとに分類されます。これに規模の要素が加わり以下のような水道の分類となっています。

（1）水道事業（不特定需要を対象とする末端供給事業で、計画給水人口101人以上）
　　①上水道事業（計画給水人口が５千１人以上）*)
　　②簡易水道事業（計画給水人口が５千人以下）

（2）専用水道*)
　（特定需要（社宅、団地等）を対象とする末端供給事業で、自己水源を持ち、計画給水人口101人以上で20㎥/日以上の規模のもの等の要件に合致するもの。）

（3）簡易専用水道**)
　（特定需要（集合住宅（アパート、マンション）、ビル等）の給水設備で、水道事業から供給される水を原水として貯水槽から給水するもので、貯水槽容量10㎥以上等の要件に合致するもの。）

（4）貯水槽水道
　簡易専用水道を含めて水道事業からの水を原水として貯水槽から特定需要者へ給水する設備全般をいう。

（5）水道用水供給事業
　末端供給を行わない水道事業を対象とする水道事業

　（参考　水道の規模について）

・水道事業の101人以上
　水道法制定以前の地方条令による規制対象が概ね101人以上であったことによる。

・簡易水道事業の５千人以下
　簡易水道事業の補助制度が始まった昭和27年度当時において、町村規模が概ね５千人以下という実態からこの簡易水道の対象を設定し、水道法制定時もこれを踏襲している。

・国の認可事業対象となる五万一人以上
　水道条例において、府県への事業認可権限は１万人以下とされていた。水道法制定当初は２万人（用水供給事業については６千㎥/日）、認可等行政事務の簡素化のための昭和53年政令改正により５万人（用水供給事業2.5万㎥/日）に変更されている。

・道州制特区の国の認可の特例とする250万人以下
　北海道庁へ委譲された認可権限の上限は250万人としており、これは都道府県人口の平均規模をめどに規定された。

＊）　法律用語ではなく、国庫補助要綱にある用語。簡易水道事業との区別で一般的によく用いられるもの。

＊）＊＊）　詳細の要件については、水道の分類判定（p.75）を参照。

【水道の分類判定】

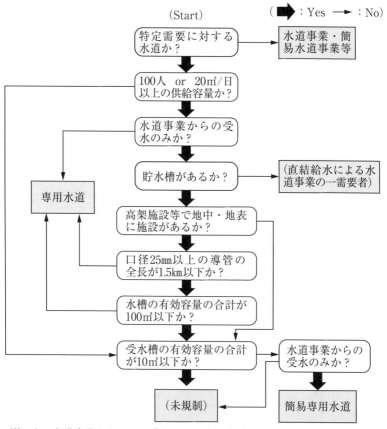

（注１）　水道事業から100%受水による専用水道の場合、配水管から貯水槽までの管きょは給水装置にあたる。

（注２）　簡易専用水道のうち、「当該水道施設のうち、地中・地表部分の施設として口径25㎜以上の導管が1.5㎞超で、または、水槽有効容量の合計が100㎡超のもの」が専用水道に移行する。

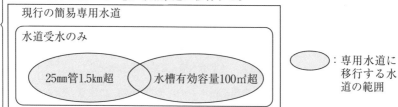

【水道事業と水道用水供給事業の関係】

水道の構成のイメージ

（用語範囲）　　　　　　　　（具体施設）　　　　　　　　　（管理区分）

水源：表流水・ダム水・地下水
水源施設：ダム・井戸等

水道	水道施設	取水施設	導水管	取水施設		水道用水供給事業

取水施設

↓

導水施設：導水管、導水ポンプ

↓

浄水施設（塩素処理は必須）

↓

送水施設：送水管、送水ポンプ

↓

配水施設 { 配水池、配水ポンプ、配水管

↓

給水装置 { 給水管 給水栓

↓

需要者
（専用水道・簡易専用水道を含む。）

浄水施設

送水管

配水池

配水管

給水管

水道、水道施設とも施設、構造物を指すもの。範囲の違いに注意。

■基本データ

□水道の箇所数等

国庫補助制度の変更等により簡易水道事業の統合を進めた結果が近年の事業数の変化として見てとれる。

	1990 H2	1995 H7	2000 H12	2005 H17	2010 H22	2015 H27	2018 H30
上水道事業	1964	1952	1958	1602	1443	1381	1330
都道府県営	6	6	5	5	5	5	5
一部事務組合営	76	76	78	47	49	52	57
私営	13	11	10	9	9	9	9
簡易水道事業	10546	9828	8979	7794	6687	5629	2558
公営	8221	8022	7576	6802	5874	4917	2897
水道用水供給事業	105	110	111	102	98	92	90
都道府県営	48	46	46	45	44	41	40
一部事務組合営	55	62	62	55	50	46	45
専用水道	4277	4090	3754	7611	7964	8208	8225

□水道の普及推移

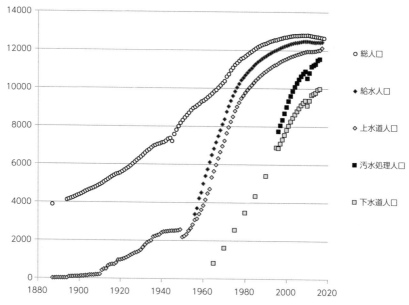

近年、水道普及率における上水道事業の占める割合が上昇。
簡易水道事業の統合の影響が見てとれ、汚水処理とは対照的。

4－2　水道の規制手法（事業認可制度等）

　水道事業は規模が大きく社会への影響度が大きいものほど規制が厳しくなっており、小規模なもので利用者の監視・管理可能なものについては行政手法の適用としない未規制水道となっています。水道法における水道種類ごとの規制手法や義務をまとめると以下のとおりです。

□水道の種類と規制体制

	施設・水質基準	事業等の規制	地域独占	市町村同意	布設工事監督者	供給規定（料金設定等）	水道技術管理者	水質検査	衛生上の措置
公営水道事業	○	認可	○	市町村以外要	○	料金について届出	○	○	○
民営水道事業	○	認可	×	必要	○	認可	○	○	○
水道用水供給事業	○	認可	×	－	○	－	○	○	○
専用水道	○	確認	×	－	－	－	○	○	○
簡易専用水道	○	管理・検査義務	×	－	－	－	－	○※	－
その他の水道（計画給水人口100人以下等）	○	なし	×	－	－	－	－	－	－

※　管理義務の範囲内（異常を認めた場合必要に応じ実施）

4-3　関係者の責務

　水道法の規定の中から、関係者の責務をその主体ごとに整理すると以下となります。自らの立場により水道法で求めることが分かります。水道事業者の立場の場合、これ以外に市町村、都道府県、地方公共団体などの立場もありますので注意が必要です。

（1）国民

（第2条第2項）水源・施設の清潔保持、水の適正・合理的使用に努力、国・地方公共団体に協力

（2）国

（第2条第1項）水源・施設の清潔保持、水の適正・合理的使用のための施策

（第2条の2第一項）水道の基盤強化に関する基本的・総合的施策の策定・推進、都道府県・市町村・水道事業者等に対する技術的・財政的援助に努力

（3）厚生労働大臣

（第5条の2）基盤強化基本方針の策定・公表

（4）地方公共団体

（第2条第1項）水源・施設の清潔保持、水の適正・合理的使用のための施策

（5）都道府県

（第2条の2第2項）市町村区域を越えた広域的連携の推進、基盤強化に関する施策の策定、その実施努力

（第5条の3）水道基盤強化計画を定めることができる。（厚生労働大臣報告、公表努力）

（第5条の4）広域的連携等推進協議会を組織できる。

（6）市町村

（第2条の2第3項）市町村区域内における水道事業者等の連携の推進、基盤強化に関する施策の策定、その実施努力

（7）水道事業者

（第2条の2第4項）事業経営の適正化・能率化、基盤強化に努力

（第6条）水道事業を経営しようとする者は、厚生労働大臣認可

（第10条）事業変更に厚生労働大臣認可

（第11条）事業の休廃止に厚生労働大臣許可

（第12条）布設工事監督者の指名

（第13条）給水開始前の厚生労働大臣届出・検査・記録保存

（第14条第1項）供給規程の設定

（第14条第5項）地方公共団体の水道事業者は、料金変更の厚生労働大臣届出

（第14条第6項）地方公共団体以外の水道事業者は、供給条件の厚生労働大臣変更認可

（第15条第1項）給水義務

（第15条第2項）給水停止の関係者周知

（第16条）給水装置基準不適合の際の給水停止

（第17条）給水装置の検査

（第19条）水道技術管理者の設置

（第20条）水質検査の実施、記録作成・保存等

（第21条）健康診断の実施

（第22条）衛生上の措置

（第22条の2）水道施設の維持・修繕

（第22条の3）水道施設台帳

（第22条の4）水道施設の計画的更新等

（第23条）給水の緊急停止

（第24条）消火栓の設置

（第24条の2）情報提供

（第43条）水源汚濁防止の要請

（8）水道用水供給事業者

（第2条の2第4項）事業経営の適正化・能率化、基盤強化に努力

（第26条）水道用水供給事業を経営しようとする者は、厚生労働大臣認可

（第30条）事業変更の厚生労働大臣認可

（第31条準用第11条）事業の休廃止に厚生労働大臣許可

（第31条準用第12条）布設工事監督者の指名

（第31条準用第13条）給水開始前の厚生労働大臣届出・検査・記録保存

（第31条準用第15条第2項）給水停止の関係者周知

（第31条準用第19条）水道技術管理者の設置

（第31条準用第20条）水質検査の実施、記録作成・保存等

（第31条準用第21条）健康診断の実施

（第31条準用第22条）衛生上の措置

（第31条準用第22条の2）水道施設の維持・修繕

（第31条準用第22条の3）水道施設台帳

（第31条準用第22条の4）水道施設の計画的更新等

（第31条準用第23条）給水の緊急停止

（第31条準用第24条の2）情報提供

（第43条）水源汚濁防止の要請

（9）水道技術管理者（第19条第2項）

・水道施設の施設基準適合検査・点検（第5条、第22条の2第2項）

・給水開始前の水質検査・施設検査（第13条第1項）

・給水装置の構造材質基準の適合検査（第16条）

・水質検査（第20条）

・健康診断（第21条）

・衛生上の措置（第22条）

・水道施設台帳の作成（第22条の3第1項）

・給水の緊急停止（第23条第1項）
・簡易水道・簡易専用水道への給水停止（第37条）

4－4　第三者委託制度等

（1）制度の概要

　水道法の第三者委託制度（第二十四条の三）は、見出しにあるとおり「業務の委託」になります。水道事業を運営していく上で、「水道の管理に関する技術上の業務」を他者に委ねるものです。加えて、その業務について水道法上の責務が付随するものについては、「その罰則も含む。」とされていることから刑事責任も含めて委任するものとなっています。

　また、全部委託も可能なものとなっています。全部委託ということになれば水道の管理業務全部ということですから、浄水場、管路関係や給水装置関連業務も対象ですので、いわゆる現場業務の体制と人員を抱えなくとも事業を実施可能ですので、その中間形態が様々あり、相当自由度の高い委託制度ですし、具体事例となっていない適用方法もまだまだあり、様々な工夫の余地があるものです。

　この第三者委託制度は、委託者、受託者の合意・契約があって始めて成立するもので、特にある種の委託行為に対して義務づけられるようなものではありません。まったく同じ委託業務であっても、制度を適用するか否かはその実施者（委託者・受託者）に委ねられるものです。

（2）関係者の位置づけ

　第三者委託制度は、水道事業者、水道用水供給事業者、専用水道の設置者に適用されるものです。これらの水道事業者等には、受託者が定められた要件を満たすこと、業務の形態は委託基準の遵守が求められ、責任分界点が明確になるような業務の形態とする必要があります。

　水道施設管理業務であれば、技術的に独立管理が可能な業務の範囲とする必要ありますし、給水装置関連業務については、給水区域の一括した管理業務とするのが原則です。契約に関しては書面による契約書の作成が求められ、上記の条件に合致した業務内容であることの他、契約期間、委託解除の要件、業務実施体制などを明らかにしなければなりません。

（3）　委託者・受託者の責務と関係

　水道事業者が委託者であれば、給水義務など水道事業者が担うべき基本的な責務は、どのような委託形式であっても、これを負うことになります。受託者の選択については、委託基準を遵守する責任を有します。一方、委託業務の範囲内においての刑事責任は免除されることになりますし、同様に、その委託業務の範囲については水道技術管理者の業務も免除されることになります。

　受託者は、この委託者の業務・責務を委任されることになりますから、受託業務の範囲内において刑事責任を負うことになりますし、受託水道技術管理者の設置義務を負い、その業務範囲内で水道技術管理者の業務を代行することになります。

4－5　水道水質基準と水質管理

（1）水質基準の変遷

　水道法制定当初の昭和32年では、無機物質を中心に28項目が設定されました。昭和35年に、アルカリ度等の４項目が削除され、臭気が追加され25項目となっています。昭和41年に、陰イオン活性剤と味の２項目が加わり27項目となり、昭和53年にカドミウム0.01mg/ℓを追加し28項目となっています。

　平成４年に、WHO飲料水水質ガイドライン第２版の知見を踏まえ、46項目とする全面改正を行っています。トリクロロエチレン、テトラクロロエチレン等の有機塩素系化合物や消毒副生成物（クロロホルム等のトリハロメタン類）が初めて水質基準に加えられるなど内容的にも大幅な改定となっています。基準値設定においても、慢性毒性を基本に無影響量から設定するほか、発がん性物質についてWHOの設定方法に準拠し生涯発がんリスクを10万人に１人することとするなど、現在に至る水質基準の骨格がこの時できあがったといえます。

　平成15年に、WHO飲料水水質ガイドライン第三版の知見を踏まえ、水質基準項目を全面的に見直し50項目としています。

・追加した項目（13項目）

　大腸菌、ホウ素、1,4－ジオキサン、クロロ酢酸、ジクロロ酢酸、臭素酸、トリクロロ酢酸、ホルムアルデヒド、アルミニウム、ジェオスミン、2－メチルイソボルネオール、非イオン界面活性剤、全有機炭素

・除外した項目（９項目）

　大腸菌群、1,2－ジクロロエタン、1,1,2－トリクロロエタン、農薬４項目（1,3－ジクロロプロペン、シマジン、チウラム、チオベンカルブ（平成４年改正で追加））、1,1,1－トリクロロエタン、有機物等（過マンガン酸カリウム消費量）

　平成15年以降は、後述するWHO飲料水ガイドラインの逐次見直し方式への移行も踏まえ、水質基準についても逐次改正する方式に変更しています。この後の水質基準の改正内容を示すと以下です。

・平成20年　　塩素酸0.6mg/ℓを追加。
・平成21年　　1,1-ジクロロエチレンを廃止、シス-1,2-ジクロロエチレンをシス・トランスの総量の1,2-ジクロロエチレンに変更、有機物（全有機炭素量）を3mg/ℓに強化。
・平成22年　　カドミウムを0.0003mg/ℓに強化。
・平成23年　　トリクロロエチレンを0.01mg/ℓに強化。
・平成26年　　亜硝酸態窒素0.04mg/ℓを基準に追加。
・平成27年　　ジクロロ酢酸を0.03mg/ℓに、トリクロロ酢酸を0.03mg/ℓに強化。
・令和２年　　六価クロム化合物を0.02mg/ℓに強化。

　現在、水質基準は51項目（健康関連31項目、生活上支障関連20項目）となっています（令和2年4月現在）。

　水質基準の設定、改正の経緯は、参考資料を参照のこと。

（2）水質検査計画

　平成15年度の水質基準改正に伴い導入されています（平成16年度より施行）。水道法20条（水質検査）に基づく、水道法施行規則第15条第6項により規定されました。水質基準項目に加え、局長通知により示した水質管理目標設定項目等を含め、毎年度、検査項目と頻度などを定め公表することとされています。

（3）水質検査と水質管理

　水道法で求める水質検査は、大きく定期検査と臨時検査となります。臨時検査は、事故時等における検査であり、従来の状況と異なる状況において実施されるものであり、その必要性は理解しやすいものです。ここでは定期検査の構成とそれに基づく水質管理のあり方について示します。

　水質基準項目については、原則月1回の検査としており、毎日検査において「色、にごり、残留塩素」の3項目の検査としています。元来、毎日の全項目検査が理想ですが、検査効率と費用の観点から、法律上の義務としてはこのような検査方式としています。毎日検査は単に3項目の確認という意味に加え、通常状況であると言うことの確認の意味があります。原水水質と浄水処理の状況との関係で、通常状態の変動範囲内あるか否か、特に残留塩素の結果については、注入量との関係を踏まえて判断する必要があります。仮に遊離塩素0.1mg/lの基準を満たしていようと通常より極端に低い値を示すようであれば、原水水質の異常や浄水処理の不備を疑う必要があります。

　水質基準は水道の末端、給水栓において確保すべきものです。水質検査の検査地点は、残留塩素など時間とともに低下することを踏まえて、最長滞留時間、最長経路の地点を設定する必要があります。

（4）WHO飲料水水質ガイドライン

　WHO（世界保健機関）が勧告の形で、飲料水水質としてあるべき性状を項目とガイドライン値にて示すものです。日本の水道水質基準の設定の考え方もこれを踏襲したものとなっています。

（第一版・1984）

　1981年までの知見に基づき、①微生物学的・生物学的性状、②無機物質、③有機物質、④外観・感覚に関する性状、⑤放射性物質の5区分44項目のガイドライン値を示した。

（第二版・1993）

　第一版に新たな安全性評価等の知見を加え、151項目以上について検討、結果として128項目のガイドライン値等を示した。

①微生物性状　１項目

②健康関連の無機物質22項目（ガイドライン値設定17項目）

③健康関連の化学物質30項目（ガイドライン値設定27項目）

④農薬・殺虫剤36項目（ガイドライン値設定33項目）

⑤消毒剤及び消毒副生成物29項目（ガイドライン値設定19項目）

⑥その他飲用障害関連31項目（ガイドライン値19項目）

（第三版・2004）

　第二版から微生物学的安全性確保のための方策について大幅に改定し、化学物質に関する情報を改定している一方、一部重要性の低い項目については記述を簡略化した。併せて飲料水の安全性確保のための利害関係者の役割と責任について記述し、安全管理方策については、大規模管路水供給と小規模集落水供給の違いを前提に記述している。

　フッ素、ヒ素、鉛、セレン、ウランについて飲料水経由の暴露により大規模な健康影響が認められる地域があることから、優先度の見極め、管理手法等についても記述している。

　全般的な内容としての微生物学的観点、化学的観点、放射線学的観点、受容性の観点での記述と、微生物45項目、化学物質125項目の個別記述の構成となっている。

①一般的考察と原則

　飲料水の汚染に係わる疾病は、人の健康にとって大きな負担である。飲料水水質を改善するための方策は健康に大きな便益をもたらす。

②微生物学的観点

　健康影響をもたらす恐れのある微生物汚染の制御は、常に最も重要であり、いかなる事情があってもおろそかにしてはならない。消毒副生成物の制御を理由に消毒をないがしろにしてはならない。

③飲料水の安全管理における役割と責任

　全ての関連機関が連携して行う予防的総合管理方策は、飲料水安全確保のための望ましい方策である。

　飲料水水質の監視は、「継続的で怠りない公衆衛生の評価と飲料水供給の安全性及び重要性に関する不断の評価（WHO（1976））」と定義される。飲料水供給事業者は、いかなる場合においても自らが供給する水の品質と安全性に責任を負っている。

④健康に基づく目標の役割と目的

　安全性または特定の状況下での耐用リスクの判断というものは、社会全体がなすべき課題である。健康に基づく目標の採用によって生み出される便益が、費用を正当化するものであるかどうかの最終的な判断は、各国が下すべきものである。

（第四版・2011）

　第四版は、第三版（2004）、第三版追補（2006）、第三版追補2（2008）を統合したもので、第三版で導入した水安全計画など飲料水水質を確保するための包括的予防的リスク管理方策を含むこれまでの概念、方策、情報を発展させたものとして以下を記述している。
・飲料水の安全性確保とそのためのガイドライン値、このガイドライン値を含め本ガイドラインの導出過程
・主要な関心事である微生物学的危険因子と安全性確保方策の価値、及び特に水源保護の重要性に焦点を当てたその後の多段防護方策
・気候変動等による水温・降雨の変化と影響、これに対応した管理方策
・新規項目群として媒介生物駆除に用いられる飲料水用殺虫剤に関する情報の追加と優先順位の低い従来項目の削除。
・ヒ素、フッ素、鉛、硝酸イオン、セレン、ウランなど飲料水暴露による大規模な健康影響を及ぼす重要化学物質に関する拡充と地域における管理優先度に関する手引き
・飲料水安全性確保に関連する利害関係者の役割
・雨水利用、管路によらない拠点給水、二元給水システムなど従来方式以外の方式に対する手引き
　また、これまで10年程度の期間で、その期間で集積した知見を元に見直し作業を行ってきたが、この第四版以降、関連知見の拡充状況に合わせ逐次見直しを行う方式に変更されている。

4－6　給水装置に関する制度

（1）給水装置の構造・材質基準等

　水道末端、即ち給水装置（給水栓、蛇口）において、水道水質基準の確保等のために設けられる基準となります。給水装置（給水管・給水用具）の満たすべき性能基準（資材の材質基準）と給水装置工事の施工の適正さを確保するための基準の2つで構成されます。これらの基準については、基本的に自己認証方式としており、一義的には給水装置の使用者（水道の利用者であり、家屋等の管理者）が適正に選択するものとされています。これを担保するため、水道事業者は供給規程に基づき給水拒否等の措置が可能とされていて、利用者管理・所有物でありながら水道事業者が強い関与を可能とする制度となっています。
　構造・材質基準については、基準適合に関する製品認証を行う機関もあるが、この認証機関であること自体も自己認証であり、製造メーカーとしてこのような製品認証を活用する否かについても任意になります。

（2）指定給水装置工事事業者制度と給水装置工事主任技術者（資格制度）

　指定制度を設けるか否かを含めて、水道事業者に委ねられた制度です。ただし、本制度を設けた場合においては、指定工事事業者に対して「給水工事主任技術者の設置」を義務づけるものとなっています。水道事業者独自の指定基準の設定に一定の制限を加える制度

となっています。また、平成30年改正により、工事業者の5年更新制が導入され、実質的に業務を実施している工事業者が正確に把握することができ、また、工事実績の品質等を反映させた指定が可能となっています。

　給水装置工事主任技術者は、技術者個人の技術に対する国家資格であり、給水工事に従事する技術者に対する資格制度を共通化し、事業者間の整合性を図るものです。水道事業者ごと、事実上市町村ごとに求められる資格や要件が異なり、他の市町村への参入障壁となっていたものを、規制緩和の観点から共通資格を設けたという経緯があります。

　水道法上、指定給水装置工事事業者以外の者の給水装置工事を禁止しているものではなく、水道事業者の供給規程にどのように規定するかによることとなります。指定給水装置工事事業者のみに工事施工を限定しない場合においても、給水装置が基準等に適合しているか否かについて水道事業者の確認を求めることとしており、確認がなされるまでについて供給規程に基づき給水拒否等の措置が可能とされており、これにより給水装置工事の品質を担保することができます。

（3）給水装置の検査等

　水道事業者は、給水装置の検査ができ、また、逆に水道の利用者は、水道事業者に対して給水装置の検査や水質検査を請求することができるとされています。

（4）指定試験機関制度

　給水装置工事主任技術者の国家試験を代行する機関を指定する制度が設けられています。これは試験業務のみを実施する機関であり、免許交付等は厚生労働大臣が実施するものとなっています。

　この指定試験機関は、（公益財団法人）給水工事技術振興財団の一つだけとなっています（令和2年度現在）。

第5章 水道法全文

（参考資料）

第5章　（現行）水道法全文

（参考資料）

○現行

水道法

目　次

第一章　総　　則

（この法律の目的）

第一条　この法律は、水道の布設及び管理を適正かつ合理的ならしめるとともに、水道の基盤を強化することによつて、清浄にして豊富低廉な水の供給を図り、もつて公衆衛生の向上と生活環境の改善とに寄与することを目的とする。

（責務）

第二条　国及び地方公共団体は、水道が国民の日常生活に直結し、その健康を守るために欠くことのできないものであり、かつ、水が貴重な資源であることにかんがみ、水源及び水道施設並びにこれらの周辺の清潔保持並びに水の適正かつ合理的な使用に関し必要な施策を講じなければならない。

2　国民は、前項の国及び地方公共団体の施策に協力するとともに、自らも、水源及び水道施設並びにこれらの周辺の清潔保持並びに水の適正かつ合理的な使用に努めなければならない。

第二条の二　国は、水道の基盤の強化に関する基本的かつ総合的な施策を策定し、及びこれを推進するとともに、都道府県及び市町村並びに水道事業者及び水道用水供給事業者（以下「水道事業者等」という。）に対し、必要な技術的及び財政的な援助を行うよう努めなければならない。

2 都道府県は、その区域の自然的社会的諸条件に応じて、その区域内における市町村の区域を超えた広域的な水道事業者等の間の連携等（水道事業者等の間の連携及び二以上の水道事業又は水道用水供給事業の一体的な経営をいう。以下同じ。）の推進その他の水道の基盤の強化に関する施策を策定し、及びこれを実施するよう努めなければならない。

3 市町村は、その区域の自然的社会的諸条件に応じて、その区域内における水道事業者等の間の連携等の推進その他の水道の基盤の強化に関する施策を策定し、及びこれを実施するよう努めなければならない。

4 水道事業者等は、その経営する事業を適正かつ能率的に運営するとともに、その事業の基盤の強化に努めなければならない。

（用語の定義）

第三条 この法律において「水道」とは、導管及びその他の工作物により、水を人の飲用に適する水として供給する施設の総体をいう。ただし、臨時に施設されたものを除く。

2 この法律において「水道事業」とは、一般の需要に応じて、水道により水を供給する事業をいう。ただし、給水人口が百人以下である水道によるものを除く。

3 この法律において「簡易水道事業」とは、給水人口が五千人以下である水道により、水を供給する水道事業をいう。

4 この法律において「水道用水供給事業」とは、水道により、水道事業者に対してその用水を供給する事業をいう。ただし、水道事業者又は専用水道の設置者が他の水道事業者に分水する場合を除く。

5 この法律において「水道事業者」とは、第六条第一項の規定による認可を受けて水道事業を経営する者をいい、「水道用水供給事業者」とは、第二十六条の規定による認可を受けて水道用水供給事業を経営する者をいう。

6 この法律において「専用水道」とは、寄宿舎、社宅、療養所等における自家用の水道その他水道事業の用に供する水道以外の水道であつて、次の各号のいずれかに該当するものをいう。ただし、他の水道から供給を受ける水のみを水源とし、かつ、その水道施設のうち地中又は地表に施設されている部分の規模が政令で定める基準以下である水道を除く。

一 百人を超える者にその居住に必要な水を供給するもの

二 その水道施設の一日最大給水量（一日に給水することができる最大の水量をいう。以下同じ。）が政令で定める基準を超えるもの

7 この法律において「簡易専用水道」とは、水道事業の用に供する水道及び専用水道以外の水道であつて、水道事業の用に供する水道から供給を受ける水のみを水源とするものをいう。ただし、その用に供する施設の規模が政令で定める基準以下のものを除く。

8 この法律において「水道施設」とは、水道のための取水施設、貯水施設、導水施設、浄水施設、送水施設及び配水施設（専用水道にあつては、給水の施設を含むものとし、建築物に設けられたものを除く。以下同じ。）であつて、当該水道事業者、水道用水供

給事業者又は専用水道の設置者の管理に属するものをいう。

9　この法律において「給水装置」とは、需要者に水を供給するために水道事業者の施設した配水管から分岐して設けられた給水管及びこれに直結する給水用具をいう。

10　この法律において「水道の布設工事」とは、水道施設の新設又は政令で定めるその増設若しくは改造の工事をいう。

11　この法律において「給水装置工事」とは、給水装置の設置又は変更の工事をいう。

12　この法律において「給水区域」、「給水人口」及び「給水量」とは、それぞれ事業計画において定める給水区域、給水人口及び給水量をいう。

（水質基準）

第四条　水道により供給される水は、次の各号に掲げる要件を備えるものでなければならない。

一　病原生物に汚染され、又は病原生物に汚染されたことを疑わせるような生物若しくは物質を含むものでないこと。

二　シアン、水銀その他の有毒物質を含まないこと。

三　銅、鉄、弗素、フェノールその他の物質をその許容量をこえて含まないこと。

四　異常な酸性又はアルカリ性を呈しないこと。

五　異常な臭味がないこと。ただし、消毒による臭味を除く。

六　外観は、ほとんど無色透明であること。

2　前項各号の基準に関して必要な事項は、厚生労働省令で定める。

（施設基準）

第五条　水道は、原水の質及び量、地理的条件、当該水道の形態等に応じ、取水施設、貯水施設、導水施設、浄水施設、送水施設及び配水施設の全部又は一部を有すべきものとし、その各施設は、次の各号に掲げる要件を備えるものでなければならない。

一　取水施設は、できるだけ良質の原水を必要量取り入れることができるものであること。

二　貯水施設は、渇水時においても必要量の原水を供給するのに必要な貯水能力を有するものであること。

三　導水施設は、必要量の原水を送るのに必要なポンプ、導水管その他の設備を有すること。

四　浄水施設は、原水の質及び量に応じて、前条の規定による水質基準に適合する必要量の浄水を得るのに必要なちんでん池、濾過池その他の設備を有し、かつ、消毒設備を備えていること。

五　送水施設は、必要量の浄水を送るのに必要なポンプ、送水管その他の設備を有すること。

六　配水施設は、必要量の浄水を一定以上の圧力で連続して供給するのに必要な配水池、ポンプ、配水管その他の設備を有すること。

2　水道施設の位置及び配列を定めるにあたつては、その布設及び維持管理ができるだけ

経済的で、かつ、容易になるようにするとともに、給水の確実性をも考慮しなければならない。

3　水道施設の構造及び材質は、水圧、土圧、地震力その他の荷重に対して充分な耐力を有し、かつ、水が汚染され、又は漏れるおそれがないものでなければならない。

4　前三項に規定するもののほか、水道施設に関して必要な技術的基準は、厚生労働省令で定める。

第二章　水道の基盤の強化

（基本方針）

第五条の二　厚生労働大臣は、水道の基盤を強化するための基本的な方針（以下「基本方針」という。）を定めるものとする。

2　基本方針においては、次に掲げる事項を定めるものとする。

　一　水道の基盤の強化に関する基本的事項

　二　水道施設の維持管理及び計画的な更新に関する事項

　三　水道事業及び水道用水供給事業（以下「水道事業等」という。）の健全な経営の確保に関する事項

　四　水道事業等の運営に必要な人材の確保及び育成に関する事項

　五　水道事業者等の間の連携等の推進に関する事項

　六　その他水道の基盤の強化に関する重要事項

3　厚生労働大臣は、基本方針を定め、又はこれを変更したときは、遅滞なく、これを公表しなければならない。

（水道基盤強化計画）

第五条の三　都道府県は、水道の基盤の強化のため必要があると認めるときは、水道の基盤の強化に関する計画（以下この条において「水道基盤強化計画」という。）を定めることができる。

2　水道基盤強化計画においては、その区域（以下この条において「計画区域」という。）を定めるほか、おおむね次に掲げる事項を定めるものとする。

　一　水道の基盤の強化に関する基本的事項

　二　水道基盤強化計画の期間

　三　計画区域における水道の現況及び基盤の強化の目標

　四　計画区域における水道の基盤の強化のために都道府県及び市町村が講ずべき施策並びに水道事業者等が講ずべき措置に関する事項

　五　都道府県及び市町村による水道事業者等の間の連携等の推進の対象となる区域（市町村の区域を超えた広域的なものに限る。次号及び第七号において「連携等推進対象区域」という。）

　六　連携等推進対象区域における水道事業者等の間の連携等に関する事項

七　連携等推進対象区域において水道事業者等の間の連携等を行うに当たり必要な施設
　　整備に関する事項

3　水道基盤強化計画は、基本方針に基づいて定めるものとする。

4　都道府県は、水道基盤強化計画を定めようとするときは、あらかじめ計画区域内の市
　町村並びに計画区域を給水区域に含む水道事業者及び当該水道事業者が水道用水の供給
　を受ける水道用水供給事業者の同意を得なければならない。

5　市町村の区域を超えた広域的な水道事業者等の間の連携等を推進しようとする二以上
　の市町村は、あらかじめその区域を給水区域に含む水道事業者及び当該水道事業者が水
　道用水の供給を受ける水道用水供給事業者の同意を得て、共同して、都道府県に対し、
　厚生労働省令で定めるところにより、水道基盤強化計画を定めることを要請することが
　できる。

6　都道府県は、前項の規定による要請があつた場合において、水道の基盤の強化のため
　必要があると認めるときは、水道基盤強化計画を定めるものとする。

7　都道府県は、水道基盤強化計画を定めようとするときは、計画区域に次条第一項に規
　定する協議会の区域の全部又は一部が含まれる場合には、あらかじめ当該協議会の意見
　を聴かなければならない。

8　都道府県は、水道基盤強化計画を定めたときは、遅滞なく、厚生労働大臣に報告する
　とともに、計画区域内の市町村並びに計画区域を給水区域に含む水道事業者及び当該水
　道事業者が水道用水の供給を受ける水道用水供給事業者に通知しなければならない。

9　都道府県は、水道基盤強化計画を定めたときは、これを公表するよう努めなければな
　らない。

10　第四項から前項までの規定は、水道基盤強化計画の変更について準用する。

（広域的連携等推進協議会）

第五条の四　都道府県は、市町村の区域を超えた広域的な水道事業者等の間の連携等の推
　進に関し必要な協議を行うため、当該都道府県が定める区域において広域的連携等推進
　協議会（以下この条において「協議会」という。）を組織することができる。

2　協議会は、次に掲げる構成員をもつて構成する。

一　前項の都道府県

二　協議会の区域をその区域に含む市町村

三　協議会の区域を給水区域に含む水道事業者及び当該水道事業者が水道用水の供給を
　　受ける水道用水供給事業者

四　学識経験を有する者その他の都道府県が必要と認める者

3　協議会において協議が調つた事項については、協議会の構成員は、その協議の結果を
　尊重しなければならない。

4　前三項に定めるもののほか、協議会の運営に関し必要な事項は、協議会が定める。

第三章　水道事業

第一節　事業の認可等

（事業の認可及び経営主体）

第六条　水道事業を経営しようとする者は、厚生労働大臣の認可を受けなければならない。

2　水道事業は、原則として市町村が経営するものとし、市町村以外の者は、給水しようとする区域をその区域に含む市町村の同意を得た場合に限り、水道事業を経営することができるものとする。

（認可の申請）

第七条　水道事業経営の認可の申請をするには、申請書に、事業計画書、工事設計書その他厚生労働省令で定める書類（図面を含む。）を添えて、これを厚生労働大臣に提出しなければならない。

2　前項の申請書には、次に掲げる事項を記載しなければならない。

　　一　申請者の住所及び氏名（法人又は組合にあつては、主たる事務所の所在地及び名称並びに代表者の氏名）

　　二　水道事務所の所在地

3　水道事業者は、前項に規定する申請書の記載事項に変更を生じたときは、速やかに、その旨を厚生労働大臣に届け出なければならない。

4　第一項の事業計画書には、次に掲げる事項を記載しなければならない。

　　一　給水区域、給水人口及び給水量

　　二　水道施設の概要

　　三　給水開始の予定年月日

　　四　工事費の予定総額及びその予定財源

　　五　給水人口及び給水量の算出根拠

　　六　経常収支の概算

　　七　料金、給水装置工事の費用の負担区分その他の供給条件

　　八　その他厚生労働省令で定める事項

5　第一項の工事設計書には、次に掲げる事項を記載しなければならない。

　　一　一日最大給水量及び一日平均給水量

　　二　水源の種別及び取水地点

　　三　水源の水量の概算及び水質試験の結果

　　四　水道施設の位置（標高及び水位を含む。）、規模及び構造

　　五　浄水方法

　　六　配水管における最大静水圧及び最小動水圧

　　七　工事の着手及び完了の予定年月日

　　八　その他厚生労働省令で定める事項

（認可基準）

第八条　水道事業経営の認可は、その申請が次の各号のいずれにも適合していると認められるときでなければ、与えてはならない。

一　当該水道事業の開始が一般の需要に適合すること。

二　当該水道事業の計画が確実かつ合理的であること。

三　水道施設の工事の設計が第五条の規定による施設基準に適合すること。

四　給水区域が他の水道事業の給水区域と重複しないこと。

五　供給条件が第十四条第二項各号に掲げる要件に適合すること。

六　地方公共団体以外の者の申請に係る水道事業にあつては、当該事業を遂行するに足りる経理的基礎があること。

七　その他当該水道事業の開始が公益上必要であること。

2　前項各号に規定する基準を適用するについて必要な技術的細目は、厚生労働省令で定める。

（附款）

第九条　厚生労働大臣は、地方公共団体以外の者に対して水道事業経営の認可を与える場合には、これに必要な期限又は条件を附することができる。

2　前項の期限又は条件は、公共の利益を増進し、又は当該水道事業の確実な遂行を図るために必要な最少限度のものに限り、かつ、当該水道事業者に不当な義務を課することとなるものであつてはならない。

（事業の変更）

第十条　水道事業者は、給水区域を拡張し、給水人口若しくは給水量を増加させ、又は水源の種別、取水地点若しくは浄水方法を変更しようとするとき（次の各号のいずれかに該当するときを除く。）は、厚生労働大臣の認可を受けなければならない。この場合において、給水区域の拡張により新たに他の市町村の区域が給水区域に含まれることとなるときは、当該他の市町村の同意を得なければ、当該認可を受けることができない。

一　その変更が厚生労働省令で定める軽微なものであるとき。

二　その変更が他の水道事業の全部を譲り受けることに伴うものであるとき。

2　第七条から前条までの規定は、前項の認可について準用する。

3　水道事業者は、第一項各号のいずれかに該当する変更を行うときは、あらかじめ、厚生労働省令で定めるところにより、その旨を厚生労働大臣に届け出なければならない。

（事業の休止及び廃止）

第十一条　水道事業者は、給水を開始した後においては、厚生労働省令で定めるところにより、厚生労働大臣の許可を受けなければ、その水道事業の全部又は一部を休止し、又は廃止してはならない。ただし、その水道事業の全部を他の水道事業を行う水道事業者に譲り渡すことにより、その水道事業の全部を廃止することとなるときは、この限りでない。

2　地方公共団体以外の水道事業者（給水人口が政令で定める基準を超えるものに限る。）が、前項の許可の申請をしようとするときは、あらかじめ、当該水道事業の給水区域を

その区域に含む市町村に協議しなければならない。

3　第一項ただし書の場合においては、水道事業者は、あらかじめ、その旨を厚生労働大臣に届け出なければならない。

（技術者による布設工事の監督）

第十二条　水道事業者は、水道の布設工事（当該水道事業者が地方公共団体である場合にあつては、当該地方公共団体の条例で定める水道の布設工事に限る。）を自ら施行し、又は他人に施行させる場合においては、その職員を指名し、又は第三者に委嘱して、その工事の施行に関する技術上の監督業務を行わせなければならない。

2　前項の業務を行う者は、政令で定める資格（当該水道事業者が地方公共団体である場合にあつては、当該資格を参酌して当該地方公共団体の条例で定める資格）を有する者でなければならない。

（給水開始前の届出及び検査）

第十三条　水道事業者は、配水施設以外の水道施設又は配水池を新設し、増設し、又は改造した場合において、その新設、増設又は改造に係る施設を使用して給水を開始しようとするときは、あらかじめ、厚生労働大臣にその旨を届け出で、かつ、厚生労働省令の定めるところにより、水質検査及び施設検査を行わなければならない。

2　水道事業者は、前項の規定による水質検査及び施設検査を行つたときは、これに関する記録を作成し、その検査を行つた日から起算して五年間、これを保存しなければならない。

　　　　　第二節　業　　務

（供給規程）

第十四条　水道事業者は、料金、給水装置工事の費用の負担区分その他の供給条件について、供給規程を定めなければならない。

2　前項の供給規程は、次に掲げる要件に適合するものでなければならない。

　一　料金が、能率的な経営の下における適正な原価に照らし、健全な経営を確保することができる公正妥当なものであること。

　二　料金が、定率又は定額をもつて明確に定められていること。

　三　水道事業者及び水道の需要者の責任に関する事項並びに給水装置工事の費用の負担区分及びその額の算出方法が、適正かつ明確に定められていること。

　四　特定の者に対して不当な差別的取扱いをするものでないこと。

　五　貯水槽水道（水道事業の用に供する水道及び専用水道以外の水道であつて、水道事業の用に供する水道から供給を受ける水のみを水源とするものをいう。以下この号において同じ。）が設置される場合においては、貯水槽水道に関し、水道事業者及び当該貯水槽水道の設置者の責任に関する事項が、適正かつ明確に定められていること。

3　前項各号に規定する基準を適用するについて必要な技術的細目は、厚生労働省令で定める。

4　水道事業者は、供給規程を、その実施の日までに一般に周知させる措置をとらなければならない。

5　水道事業者が地方公共団体である場合にあつては、供給規程に定められた事項のうち料金を変更したときは、厚生労働省令で定めるところにより、その旨を厚生労働大臣に届け出なければならない。

6　水道事業者が地方公共団体以外の者である場合にあつては、供給規程に定められた供給条件を変更しようとするときは、厚生労働大臣の認可を受けなければならない。

7　厚生労働大臣は、前項の認可の申請が第二項各号に掲げる要件に適合していると認めるときは、その認可を与えなければならない。

（給水義務）

第十五条　水道事業者は、事業計画に定める給水区域内の需要者から給水契約の申込みを受けたときは、正当の理由がなければ、これを拒んではならない。

2　水道事業者は、当該水道により給水を受ける者に対し、常時水を供給しなければならない。ただし、第四十条第一項の規定による水の供給命令を受けた場合又は災害その他正当な理由があつてやむを得ない場合には、給水区域の全部又は一部につきその間給水を停止することができる。この場合には、やむを得ない事情がある場合を除き、給水を停止しようとする区域及び期間をあらかじめ関係者に周知させる措置をとらなければならない。

3　水道事業者は、当該水道により給水を受ける者が料金を支払わないとき、正当な理由なしに給水装置の検査を拒んだとき、その他正当な理由があるときは、前項本文の規定にかかわらず、その理由が継続する間、供給規程の定めるところにより、その者に対する給水を停止することができる。

（給水装置の構造及び材質）

第十六条　水道事業者は、当該水道によつて水の供給を受ける者の給水装置の構造及び材質が、政令で定める基準に適合していないときは、供給規程の定めるところにより、その者の給水契約の申込を拒み、又はその者が給水装置をその基準に適合させるまでの間その者に対する給水を停止することができる。

（給水装置工事）

第十六条の二　水道事業者は、当該水道によつて水の供給を受ける者の給水装置の構造及び材質が前条の規定に基づく政令で定める基準に適合することを確保するため、当該水道事業者の給水区域において給水装置工事を適正に施行することができると認められる者の指定をすることができる。

2　水道事業者は、前項の指定をしたときは、供給規程の定めるところにより、当該水道によつて水の供給を受ける者の給水装置が当該水道事業者又は当該指定を受けた者（以下「指定給水装置工事事業者」という。）の施行した給水装置工事に係るものであることを供給条件とすることができる。

3　前項の場合において、水道事業者は、当該水道によつて水の供給を受ける者の給水装

置が当該水道事業者又は指定給水装置工事事業者の施行した給水装置工事に係るものでないときは、供給規程の定めるところにより、その者の給水契約の申込みを拒み、又はその者に対する給水を停止することができる。ただし、厚生労働省令で定める給水装置の軽微な変更であるとき、又は当該給水装置の構造及び材質が前条の規定に基づく政令で定める基準に適合していることが確認されたときは、この限りでない。

（給水装置の検査）

第十七条　水道事業者は、日出後日没前に限り、その職員をして、当該水道によつて水の供給を受ける者の土地又は建物に立ち入り、給水装置を検査させることができる。ただし、人の看守し、若しくは人の住居に使用する建物又は閉鎖された門内に立ち入るときは、その看守者、居住者又はこれらに代るべき者の同意を得なければならない。

2　前項の規定により給水装置の検査に従事する職員は、その身分を示す証明書を携帯し、関係者の請求があつたときは、これを提示しなければならない。

（検査の請求）

第十八条　水道事業によつて水の供給を受ける者は、当該水道事業者に対して、給水装置の検査及び供給を受ける水の水質検査を請求することができる。

2　水道事業者は、前項の規定による請求を受けたときは、すみやかに検査を行い、その結果を請求者に通知しなければならない。

（水道技術管理者）

第十九条　水道事業者は、水道の管理について技術上の業務を担当させるため、水道技術管理者一人を置かなければならない。ただし、自ら水道技術管理者となることを妨げない。

2　水道技術管理者は、次に掲げる事項に関する事務に従事し、及びこれらの事務に従事する他の職員を監督しなければならない。

　　一　水道施設が第五条の規定による施設基準に適合しているかどうかの検査（第二十二条の二第二項に規定する点検を含む。）

　　二　第十三条第一項の規定による水質検査及び施設検査

　　三　給水装置の構造及び材質が第十六条の政令で定める基準に適合しているかどうかの検査

　　四　次条第一項の規定による水質検査

　　五　第二十一条第一項の規定による健康診断

　　六　第二十二条の規定による衛生上の措置

　　七　第二十二条の三第一項の台帳の作成

　　八　第二十三条第一項の規定による給水の緊急停止

　　九　第三十七条前段の規定による給水停止

3　水道技術管理者は、政令で定める資格（当該水道事業者が地方公共団体である場合にあつては、当該資格を参酌して当該地方公共団体の条例で定める資格）を有する者でなければならない。

（水質検査）

第二十条　水道事業者は、厚生労働省令の定めるところにより、定期及び臨時の水質検査を行わなければならない。

2　水道事業者は、前項の規定による水質検査を行つたときは、これに関する記録を作成し、水質検査を行つた日から起算して五年間、これを保存しなければならない。

3　水道事業者は、第一項の規定による水質検査を行うため、必要な検査施設を設けなければならない。ただし、当該水質検査を、厚生労働省令の定めるところにより、地方公共団体の機関又は厚生労働大臣の登録を受けた者に委託して行うときは、この限りでない。

（登録）

第二十条の二　前条第三項の登録は、厚生労働省令で定めるところにより、水質検査を行おうとする者の申請により行う。

（欠格条項）

第二十条の三　次の各号のいずれかに該当する者は、第二十条第三項の登録を受けることができない。

　一　この法律又はこの法律に基づく命令に違反し、罰金以上の刑に処せられ、その執行を終わり、又は執行を受けることがなくなつた日から二年を経過しない者

　二　第二十条の十三の規定により登録を取り消され、その取消しの日から二年を経過しない者

　三　法人であつて、その業務を行う役員のうちに前二号のいずれかに該当する者があるもの

（登録基準）

第二十条の四　厚生労働大臣は、第二十条の二の規定により登録を申請した者が次に掲げる要件のすべてに適合しているときは、その登録をしなければならない。

　一　第二十条第一項に規定する水質検査を行うために必要な検査施設を有し、これを用いて水質検査を行うものであること。

　二　別表第一に掲げるいずれかの条件に適合する知識経験を有する者が水質検査を実施し、その人数が五名以上であること。

　三　次に掲げる水質検査の信頼性の確保のための措置がとられていること。

　　イ　水質検査を行う部門に専任の管理者が置かれていること。

　　ロ　水質検査の業務の管理及び精度の確保に関する文書が作成されていること。

　　ハ　ロに掲げる文書に記載されたところに従い、専ら水質検査の業務の管理及び精度の確保を行う部門が置かれていること。

2　登録は、水質検査機関登録簿に次に掲げる事項を記載してするものとする。

　一　登録年月日及び登録番号

　二　登録を受けた者の氏名又は名称及び住所並びに法人にあつては、その代表者の氏名

　三　登録を受けた者が水質検査を行う区域及び登録を受けた者が水質検査を行う事業所

　の所在地

（登録の更新）

第二十条の五　第二十条第三項の登録は、三年を下らない政令で定める期間ごとにその更新を受けなければ、その期間の経過によつて、その効力を失う。

2　前三条の規定は、前項の登録の更新について準用する。

（受託義務等）

第二十条の六　第二十条第三項の登録を受けた者（以下「登録水質検査機関」という。）は、同項の水質検査の委託の申込みがあつたときは、正当な理由がある場合を除き、その受託を拒んではならない。

2　登録水質検査機関は、公正に、かつ、厚生労働省令で定める方法により水質検査を行わなければならない。

（変更の届出）

第二十条の七　登録水質検査機関は、氏名若しくは名称、住所、水質検査を行う区域又は水質検査を行う事業所の所在地を変更しようとするときは、変更しようとする日の二週間前までに、その旨を厚生労働大臣に届け出なければならない。

（業務規程）

第二十条の八　登録水質検査機関は、水質検査の業務に関する規程（以下「水質検査業務規程」という。）を定め、水質検査の業務の開始前に、厚生労働大臣に届け出なければならない。これを変更しようとするときも、同様とする。

2　水質検査業務規程には、水質検査の実施方法、水質検査に関する料金その他の厚生労働省令で定める事項を定めておかなければならない。

（業務の休廃止）

第二十条の九　登録水質検査機関は、水質検査の業務の全部又は一部を休止し、又は廃止しようとするときは、休止又は廃止しようとする日の二週間前までに、その旨を厚生労働大臣に届け出なければならない。

（財務諸表等の備付け及び閲覧等）

第二十条の十　登録水質検査機関は、毎事業年度経過後三月以内に、その事業年度の財産目録、貸借対照表及び損益計算書又は収支計算書並びに事業報告書（その作成に代えて電磁的記録（電子的方式、磁気的方式その他の人の知覚によつては認識することができない方式で作られる記録であつて、電子計算機による情報処理の用に供されるものをいう。以下同じ。）の作成がされている場合における当該電磁的記録を含む。次項において「財務諸表等」という。）を作成し、五年間事業所に備えて置かなければならない。

2　水道事業者その他の利害関係人は、登録水質検査機関の業務時間内は、いつでも、次に掲げる請求をすることができる。ただし、第二号又は第四号の請求をするには、登録水質検査機関の定めた費用を支払わなければならない。

　一　財務諸表等が書面をもつて作成されているときは、当該書面の閲覧又は謄写の請求

　二　前号の書面の謄本又は抄本の請求

　　三　財務諸表等が電磁的記録をもつて作成されているときは、当該電磁的記録に記録された事項を厚生労働省令で定める方法により表示したものの閲覧又は謄写の請求

　　四　前号の電磁的記録に記録された事項を電磁的方法であつて厚生労働省令で定めるものにより提供することの請求又は当該事項を記載した書面の交付の請求

（適合命令）

第二十条の十一　厚生労働大臣は、登録水質検査機関が第二十条の四第一項各号のいずれかに適合しなくなつたと認めるときは、その登録水質検査機関に対し、これらの規定に適合するため必要な措置をとるべきことを命ずることができる。

（改善命令）

第二十条の十二　厚生労働大臣は、登録水質検査機関が第二十条の六第一項又は第二項の規定に違反していると認めるときは、その登録水質検査機関に対し、水質検査を受託すべきこと又は水質検査の方法その他の業務の方法の改善に関し必要な措置をとるべきことを命ずることができる。

（登録の取消し等）

第二十条の十三　厚生労働大臣は、登録水質検査機関が次の各号のいずれかに該当するときは、その登録を取り消し、又は期間を定めて水質検査の業務の全部若しくは一部の停止を命ずることができる。

　　一　第二十条の三第一号又は第三号に該当するに至つたとき。

　　二　第二十条の七から第二十条の九まで、第二十条の十第一項又は次条の規定に違反したとき。

　　三　正当な理由がないのに第二十条の十第二項各号の規定による請求を拒んだとき。

　　四　第二十条の十一又は前条の規定による命令に違反したとき。

　　五　不正の手段により第二十条第三項の登録を受けたとき。

（帳簿の備付け）

第二十条の十四　登録水質検査機関は、厚生労働省令で定めるところにより、水質検査に関する事項で厚生労働省令で定めるものを記載した帳簿を備え、これを保存しなければならない。

（報告の徴収及び立入検査）

第二十条の十五　厚生労働大臣は、水質検査の適正な実施を確保するため必要があると認めるときは、登録水質検査機関に対し、業務の状況に関し必要な報告を求め、又は当該職員に、登録水質検査機関の事務所又は事業所に立ち入り、業務の状況若しくは検査施設、帳簿、書類その他の物件を検査させることができる。

２　前項の規定により立入検査を行う職員は、その身分を示す証明書を携帯し、関係者の請求があつたときは、これを提示しなければならない。

３　第一項の規定による権限は、犯罪捜査のために認められたものと解釈してはならない。

（公示）

第二十条の十六　厚生労働大臣は、次の場合には、その旨を公示しなければならない。

　　一　第二十条第三項の登録をしたとき。

　　二　第二十条の七の規定による届出があつたとき。

　　三　第二十条の九の規定による届出があつたとき。

　　四　第二十条の十三の規定により第二十条第三項の登録を取り消し、又は水質検査の業務の停止を命じたとき。

（健康診断）

第二十一条　水道事業者は、水道の取水場、浄水場又は配水池において業務に従事している者及びこれらの施設の設置場所の構内に居住している者について、厚生労働省令の定めるところにより、定期及び臨時の健康診断を行わなければならない。

２　水道事業者は、前項の規定による健康診断を行つたときは、これに関する記録を作成し、健康診断を行つた日から起算して一年間、これを保存しなければならない。

（衛生上の措置）

第二十二条　水道事業者は、厚生労働省令の定めるところにより、水道施設の管理及び運営に関し、消毒その他衛生上必要な措置を講じなければならない。

（水道施設の維持及び修繕）

第二十二条の二　水道事業者は、厚生労働省令で定める基準に従い、水道施設を良好な状態に保つため、その維持及び修繕を行わなければならない。

２　前項の基準は、水道施設の修繕を能率的に行うための点検に関する基準を含むものとする。

（水道施設台帳）

第二十二条の三　水道事業者は、水道施設の台帳を作成し、これを保管しなければならない。

２　前項の台帳の記載事項その他その作成及び保管に関し必要な事項は、厚生労働省令で定める。

（水道施設の計画的な更新等）

第二十二条の四　水道事業者は、長期的な観点から、給水区域における一般の水の需要に鑑み、水道施設の計画的な更新に努めなければならない。

２　水道事業者は、厚生労働省令で定めるところにより、水道施設の更新に要する費用を含むその事業に係る収支の見通しを作成し、これを公表するよう努めなければならない。

（給水の緊急停止）

第二十三条　水道事業者は、その供給する水が人の健康を害するおそれがあることを知つたときは、直ちに給水を停止し、かつ、その水を使用することが危険である旨を関係者に周知させる措置を講じなければならない。

２　水道事業者の供給する水が人の健康を害するおそれがあることを知つた者は、直ちにその旨を当該水道事業者に通報しなければならない。

（消火栓）

第二十四条　水道事業者は、当該水道に公共の消防のための消火栓を設置しなければならない。

２　市町村は、その区域内に消火栓を設置した水道事業者に対し、その消火栓の設置及び管理に要する費用その他その水道が消防用に使用されることに伴い増加した水道施設の設置及び管理に要する費用につき、当該水道事業者との協議により、相当額の補償をしなければならない。

３　水道事業者は、公共の消防用として使用された水の料金を徴収することができない。

（情報提供）

第二十四条の二　水道事業者は、水道の需要者に対し、厚生労働省令で定めるところにより、第二十条第一項の規定による水質検査の結果その他水道事業に関する情報を提供しなければならない。

（業務の委託）

第二十四条の三　水道事業者は、政令で定めるところにより、水道の管理に関する技術上の業務の全部又は一部を他の水道事業者若しくは水道用水供給事業者又は当該業務を適正かつ確実に実施することができる者として政令で定める要件に該当するものに委託することができる。

２　水道事業者は、前項の規定により業務を委託したときは、遅滞なく、厚生労働省令で定める事項を厚生労働大臣に届け出なければならない。委託に係る契約が効力を失つたときも、同様とする。

３　第一項の規定により業務の委託を受ける者（以下「水道管理業務受託者」という。）は、水道の管理について技術上の業務を担当させるため、受託水道業務技術管理者一人を置かなければならない。

４　受託水道業務技術管理者は、第一項の規定により委託された業務の範囲内において第十九条第二項各号に掲げる事項に関する事務に従事し、及びこれらの事務に従事する他の職員を監督しなければならない。

５　受託水道業務技術管理者は、政令で定める資格を有する者でなければならない。

６　第一項の規定により水道の管理に関する技術上の業務を委託する場合においては、当該委託された業務の範囲内において、水道管理業務受託者を水道事業者と、受託水道業務技術管理者を水道技術管理者とみなして、第十三条第一項（水質検査及び施設検査の実施に係る部分に限る。）及び第二項、第十七条、第二十条から第二十二条の三まで、第二十三条第一項、第二十五条の九、第三十六条第二項並びに第三十九条（第二項及び第三項を除く。）の規定（これらの規定に係る罰則を含む。）を適用する。この場合において、当該委託された業務の範囲内において、水道事業者及び水道技術管理者については、これらの規定は、適用しない。

７　前項の規定により水道管理業務受託者を水道事業者とみなして第二十五条の九の規定を適用する場合における第二十五条の十一第一項の規定の適用については、同項第五号中「水道事業者」とあるのは、「水道管理業務受託者」とする。

８　第一項の規定により水道の管理に関する技術上の業務を委託する場合においては、当該委託された業務の範囲内において、水道技術管理者については第十九条第二項の規定

は適用せず、受託水道業務技術管理者が同項各号に掲げる事項に関する全ての事務に従事し、及びこれらの事務に従事する他の職員を監督する場合においては、水道事業者については、同条第一項の規定は、適用しない。

（水道施設運営権の設定の許可）

第二十四条の四　地方公共団体である水道事業者は、民間資金等の活用による公共施設等の整備等の促進に関する法律（平成十一年法律第百十七号。以下「民間資金法」という。）第十九条第一項の規定により水道施設運営等事業（水道施設の全部又は一部の運営等（民間資金法第二条第六項に規定する運営等をいう。）であつて、当該水道施設の利用に係る料金（以下「利用料金」という。）を当該運営等を行う者が自らの収入として収受する事業をいう。以下同じ。）に係る民間資金法第二条第七項に規定する公共施設等運営権（以下「水道施設運営権」という。）を設定しようとするときは、あらかじめ、厚生労働大臣の許可を受けなければならない。この場合において、当該水道事業者は、第十一条第一項の規定にかかわらず、同項の許可（水道事業の休止に係るものに限る。）を受けることを要しない。

2　水道施設運営等事業は、地方公共団体である水道事業者が、民間資金法第十九条第一項の規定により水道施設運営権を設定した場合に限り、実施することができるものとする。

3　水道施設運営権を有する者（以下「水道施設運営権者」という。）が水道施設運営等事業を実施する場合には、第六条第一項の規定にかかわらず、水道事業経営の認可を受けることを要しない。

（許可の申請）

第二十四条の五　前条第一項前段の許可の申請をするには、申請書に、水道施設運営等事業実施計画書その他厚生労働省令で定める書類（図面を含む。）を添えて、これを厚生労働大臣に提出しなければならない。

2　前項の申請書には、次に掲げる事項を記載しなければならない。

　一　申請者の主たる事務所の所在地及び名称並びに代表者の氏名

　二　申請者が水道施設運営権を設定しようとする民間資金法第二条第五項に規定する選定事業者（以下この条及び次条第一項において単に「選定事業者」という。）の主たる事務所の所在地及び名称並びに代表者の氏名

　三　選定事業者の水道事務所の所在地

3　第一項の水道施設運営等事業実施計画書には、次に掲げる事項を記載しなければならない。

　一　水道施設運営等事業の対象となる水道施設の名称及び立地

　二　水道施設運営等事業の内容

　三　水道施設運営権の存続期間

　四　水道施設運営等事業の開始の予定年月日

　五　水道事業者が、選定事業者が実施することとなる水道施設運営等事業の適正を期するために講ずる措置

六　災害その他非常の場合における水道事業の継続のための措置

七　水道施設運営等事業の継続が困難となつた場合における措置

八　選定事業者の経常収支の概算

九　選定事業者が自らの収入として収受しようとする水道施設運営等事業の対象となる水道施設の利用料金

十　その他厚生労働省令で定める事項

（許可基準）

第二十四条の六　第二十四条の四第一項前段の許可は、その申請が次の各号のいずれにも適合していると認められるときでなければ、与えてはならない。

一　当該水道施設運営等事業の計画が確実かつ合理的であること。

二　当該水道施設運営等事業の対象となる水道施設の利用料金が、選定事業者を水道施設運営権者とみなして第二十四条の八第一項の規定により読み替えられた第十四条第二項（第一号、第二号及び第四号に係る部分に限る。以下この号において同じ。）の規定を適用するとしたならば同項に掲げる要件に適合すること。

三　当該水道施設運営等事業の実施により水道の基盤の強化が見込まれること。

2　前項各号に規定する基準を適用するについて必要な技術的細目は、厚生労働省令で定める。

（水道施設運営等事業技術管理者）

第二十四条の七　水道施設運営権者は、水道施設運営等事業について技術上の業務を担当させるため、水道施設運営等事業技術管理者一人を置かなければならない。

2　水道施設運営等事業技術管理者は、水道施設運営等事業に係る業務の範囲内において、第十九条第二項各号に掲げる事項に関する事務に従事し、及びこれらの事務に従事する他の職員を監督しなければならない。

3　水道施設運営等事業技術管理者は、第二十四条の三第五項の政令で定める資格を有する者でなければならない。

（水道施設運営等事業に関する特例）

第二十四条の八　水道施設運営権者が水道施設運営等事業を実施する場合における第十四条第一項、第二項及び第五項、第十五条第二項及び第三項、第二十三条第二項、第二十四条第三項並びに第四十条第一項、第五項及び第八項の規定の適用については、第十四条第一項中「料金」とあるのは「料金（第二十四条の四第三項に規定する水道施設運営権者（次項、次条第二項及び第二十三条第二項において「水道施設運営権者」という。）が自らの収入として収受する水道施設の利用に係る料金（次項において「水道施設運営権者に係る利用料金」という。）を含む。次項第一号及び第二号、第五項、次条第三項並びに第二十四条第三項において同じ。）」と、同条第二項中「次に」とあるのは「水道施設運営権者に係る利用料金について、水道施設運営権者は水道の需要者に対して直接にその支払を請求する権利を有する旨が明確に定められていることのほか、次に」と、第十五条第二項ただし書中「受けた場合」とあるのは「受けた場合（水道施設運営権者

が当該供給命令を受けた場合を含む。）」と、第二十三条第二項中「水道事業者の」とあるのは「水道事業者（水道施設運営権者を含む。以下この項及び次条第三項において同じ。）の」と、第四十条第一項及び第五項中「又は水道用水供給事業者」とあるのは「若しくは水道用水供給事業者又は水道施設運営権者」と、同条第八項中「水道用水供給事業者」とあるのは「水道用水供給事業者若しくは水道施設運営権者」とする。この場合において、水道施設運営権者は、当然に給水契約の利益（水道施設運営等事業の対象となる水道施設の利用料金の支払を請求する権利に係る部分に限る。）を享受する。

2　水道施設運営権者が水道施設運営等事業を実施する場合においては、当該水道施設運営等事業に係る業務の範囲内において、水道施設運営権者を水道事業者と、水道施設運営等事業技術管理者を水道技術管理者とみなして、第十二条、第十三条第一項（水質検査及び施設検査の実施に係る部分に限る。）及び第二項、第十七条、第二十条から第二十二条の四まで、第二十三条第一項、第二十五条の九、第三十六条第一項及び第二項、第三十七条並びに第三十九条（第二項及び第三項を除く。）の規定（これらの規定に係る罰則を含む。）を適用する。この場合において、当該水道施設運営等事業に係る業務の範囲内において、水道事業者及び水道技術管理者については、これらの規定は適用せず、第二十二条の四第一項中「更新」とあるのは、「更新（民間資金等の活用による公共施設等の整備等の促進に関する法律（平成十一年法律第百十七号）第二条第六項に規定する運営等として行うものに限る。次項において同じ。）」とする。

3　前項の規定により水道施設運営権者を水道事業者とみなして第二十五条の九の規定を適用する場合における第二十五条の十一第一項の規定の適用については、同項第五号中「水道事業者」とあるのは、「水道施設運営権者」とする。

4　水道施設運営権者が水道施設運営等事業を実施する場合においては、当該水道施設運営等事業に係る業務の範囲内において、水道技術管理者については第十九条第二項の規定は適用せず、水道施設運営等事業技術管理者が同項各号に掲げる事項に関する全ての事務に従事し、及びこれらの事務に従事する他の職員を監督する場合においては、水道事業者については、同条第一項の規定は、適用しない。

（水道施設運営等事業の開始の通知）

第二十四条の九　地方公共団体である水道事業者は、水道施設運営権者から水道施設運営等事業の開始に係る民間資金法第二十一条第三項の規定による届出を受けたときは、遅滞なく、その旨を厚生労働大臣に通知するものとする。

（水道施設運営権者に係る変更の届出）

第二十四条の十　水道施設運営権者は、次に掲げる事項に変更を生じたときは、遅滞なく、その旨を水道施設運営権を設定した地方公共団体である水道事業者及び厚生労働大臣に届け出なければならない。

一　水道施設運営権者の主たる事務所の所在地及び名称並びに代表者の氏名

二　水道施設運営権者の水道事務所の所在地

（水道施設運営権の移転の協議）

第二十四条の十一　地方公共団体である水道事業者は、水道施設運営等事業に係る民間資金法第二十六条第二項の許可をしようとするときは、あらかじめ、厚生労働大臣に協議しなければならない。

（水道施設運営権の取消し等の要求）

第二十四条の十二　厚生労働大臣は、水道施設運営権者がこの法律又はこの法律に基づく命令の規定に違反した場合には、民間資金法第二十九条第一項第一号（トに係る部分に限る。）に掲げる場合に該当するとして、水道施設運営権を設定した地方公共団体である水道事業者に対して、同項の規定による処分をなすべきことを求めることができる。

（水道施設運営権の取消し等の通知）

第二十四条の十三　地方公共団体である水道事業者は、次に掲げる場合には、遅滞なく、その旨を厚生労働大臣に通知するものとする。

一　民間資金法第二十九条第一項の規定により水道施設運営権を取り消し、若しくはその行使の停止を命じたとき、又はその停止を解除したとき。

二　水道施設運営権の存続期間の満了に伴い、民間資金法第二十九条第四項の規定により、又は水道施設運営権者が水道施設運営権を放棄したことにより、水道施設運営権が消滅したとき。

（簡易水道事業に関する特例）

第二十五条　簡易水道事業については、当該水道が、消毒設備以外の浄水施設を必要とせず、かつ、自然流下のみによつて給水することができるものであるときは、第十九条第三項の規定を適用しない。

2　給水人口が二千人以下である簡易水道事業を経営する水道事業者は、第二十四条第一項の規定にかかわらず、消防組織法（昭和二十二年法律第二百二十六号）第七条に規定する市町村長との協議により、当該水道に消火栓を設置しないことができる。

第三節　指定給水装置工事事業者

（指定の申請）

第二十五条の二　第十六条の二第一項の指定は、給水装置工事の事業を行う者の申請により行う。

2　第十六条の二第一項の指定を受けようとする者は、厚生労働省令で定めるところにより、次に掲げる事項を記載した申請書を水道事業者に提出しなければならない。

一　氏名又は名称及び住所並びに法人にあつては、その代表者の氏名

二　当該水道事業者の給水区域について給水装置工事の事業を行う事業所（以下この節において単に「事業所」という。）の名称及び所在地並びに第二十五条の四第一項の規定によりそれぞれの事業所において選任されることとなる給水装置工事主任技術者の氏名

三　給水装置工事を行うための機械器具の名称、性能及び数

四　その他厚生労働省令で定める事項

（指定の基準）

第二十五条の三　水道事業者は、第十六条の二第一項の指定の申請をした者が次の各号の
いずれにも適合していると認めるときは、同項の指定をしなければならない。

一　事業所ごとに、第二十五条の四第一項の規定により給水装置工事主任技術者として
選任されることとなる者を置く者であること。

二　厚生労働省令で定める機械器具を有する者であること。

三　次のいずれにも該当しない者であること。

イ　心身の故障により給水装置工事の事業を適正に行うことができない者として厚生
労働省令で定めるもの

ロ　破産手続開始の決定を受けて復権を得ない者

ハ　この法律に違反して、刑に処せられ、その執行を終わり、又は執行を受けること
がなくなつた日から二年を経過しない者

ニ　第二十五条の十一第一項の規定により指定を取り消され、その取消しの日から二
年を経過しない者

ホ　その業務に関し不正又は不誠実な行為をするおそれがあると認めるに足りる相当
の理由がある者

ヘ　法人であつて、その役員のうちにイからホまでのいずれかに該当する者があるもの

2　水道事業者は、第十六条の二第一項の指定をしたときは、遅滞なく、その旨を一般に
周知させる措置をとらなければならない。

（指定の更新）

第二十五条の三の二　第十六条の二第一項の指定は、五年ごとにその更新を受けなければ、
その期間の経過によつて、その効力を失う。

2　前項の更新の申請があつた場合において、同項の期間（以下この項及び次項において
「指定の有効期間」という。）の満了の日までにその申請に対する決定がされないときは、
従前の指定は、指定の有効期間の満了後もその決定がされるまでの間は、なおその効力
を有する。

3　前項の場合において、指定の更新がされたときは、その指定の有効期間は、従前の指
定の有効期間の満了の日の翌日から起算するものとする。

4　前二条の規定は、第一項の指定の更新について準用する。

（給水装置工事主任技術者）

第二十五条の四　指定給水装置工事事業者は、事業所ごとに、第三項各号に掲げる職務を
させるため、厚生労働省令で定めるところにより、給水装置工事主任技術者免状の交付
を受けている者のうちから、給水装置工事主任技術者を選任しなければならない。

2　指定給水装置工事事業者は、給水装置工事主任技術者を選任したときは、遅滞なく、
その旨を水道事業者に届け出なければならない。これを解任したときも、同様とする。

3　給水装置工事主任技術者は、次に掲げる職務を誠実に行わなければならない。

一　給水装置工事に関する技術上の管理

　二　給水装置工事に従事する者の技術上の指導監督

　三　給水装置工事に係る給水装置の構造及び材質が第十六条の規定に基づく政令で定める基準に適合していることの確認

　四　その他厚生労働省令で定める職務

4　給水装置工事に従事する者は、給水装置工事主任技術者がその職務として行う指導に従わなければならない。

（給水装置工事主任技術者免状）

第二十五条の五　給水装置工事主任技術者免状は、給水装置工事主任技術者試験に合格した者に対し、厚生労働大臣が交付する。

2　厚生労働大臣は、次の各号のいずれかに該当する者に対しては、給水装置工事主任技術者免状の交付を行わないことができる。

　一　次項の規定により給水装置工事主任技術者免状の返納を命ぜられ、その日から一年を経過しない者

　二　この法律に違反して、刑に処せられ、その執行を終わり、又は執行を受けることがなくなつた日から二年を経過しない者

3　厚生労働大臣は、給水装置工事主任技術者免状の交付を受けている者がこの法律に違反したときは、その給水装置工事主任技術者免状の返納を命ずることができる。

4　前三項に規定するもののほか、給水装置工事主任技術者免状の交付、書換え交付、再交付及び返納に関し必要な事項は、厚生労働省令で定める。

（給水装置工事主任技術者試験）

第二十五条の六　給水装置工事主任技術者試験は、給水装置工事主任技術者として必要な知識及び技能について、厚生労働大臣が行う。

2　給水装置工事主任技術者試験は、給水装置工事に関して三年以上の実務の経験を有する者でなければ、受けることができない。

3　給水装置工事主任技術者試験の試験科目、受験手続その他給水装置工事主任技術者試験の実施細目は、厚生労働省令で定める。

（変更の届出等）

第二十五条の七　指定給水装置工事事業者は、事業所の名称及び所在地その他厚生労働省令で定める事項に変更があつたとき、又は給水装置工事の事業を廃止し、休止し、若しくは再開したときは、厚生労働省令で定めるところにより、その旨を水道事業者に届け出なければならない。

（事業の基準）

第二十五条の八　指定給水装置工事事業者は、厚生労働省令で定める給水装置工事の事業の運営に関する基準に従い、適正な給水装置工事の事業の運営に努めなければならない。

（給水装置工事主任技術者の立会い）

第二十五条の九　水道事業者は、第十七条第一項の規定による給水装置の検査を行うときは、当該給水装置に係る給水装置工事を施行した指定給水装置工事事業者に対し、当該

給水装置工事を施行した事業所に係る給水装置工事主任技術者を検査に立ち会わせることを求めることができる。

（報告又は資料の提出）

第二十五条の十　水道事業者は、指定給水装置工事事業者に対し、当該指定給水装置工事事業者が給水区域において施行した給水装置工事に関し必要な報告又は資料の提出を求めることができる。

（指定の取消し）

第二十五条の十一　水道事業者は、指定給水装置工事事業者が次の各号のいずれかに該当するときは、第十六条の二第一項の指定を取り消すことができる。

　一　第二十五条の三第一項各号のいずれかに適合しなくなつたとき。

　二　第二十五条の四第一項又は第二項の規定に違反したとき。

　三　第二十五条の七の規定による届出をせず、又は虚偽の届出をしたとき。

　四　第二十五条の八に規定する給水装置工事の事業の運営に関する基準に従つた適正な給水装置工事の事業の運営をすることができないと認められるとき。

　五　第二十五条の九の規定による水道事業者の求めに対し、正当な理由なくこれに応じないとき。

　六　前条の規定による水道事業者の求めに対し、正当な理由なくこれに応じず、又は虚偽の報告若しくは資料の提出をしたとき。

　七　その施行する給水装置工事が水道施設の機能に障害を与え、又は与えるおそれが大であるとき。

　八　不正の手段により第十六条の二第一項の指定を受けたとき。

2　第二十五条の三第二項の規定は、前項の場合に準用する。

　　　　第四節　指定試験機関

（指定試験機関の指定）

第二十五条の十二　厚生労働大臣は、その指定する者（以下「指定試験機関」という。）に、給水装置工事主任技術者試験の実施に関する事務（以下「試験事務」という。）を行わせることができる。

2　指定試験機関の指定は、試験事務を行おうとする者の申請により行う。

（指定の基準）

第二十五条の十三　厚生労働大臣は、他に指定を受けた者がなく、かつ、前条第二項の規定による申請が次の要件を満たしていると認めるときでなければ、指定試験機関の指定をしてはならない。

　一　職員、設備、試験事務の実施の方法その他の事項についての試験事務の実施に関する計画が試験事務の適正かつ確実な実施のために適切なものであること。

　二　前号の試験事務の実施に関する計画の適正かつ確実な実施に必要な経理的及び技術的な基礎を有するものであること。

　三　申請者が、試験事務以外の業務を行つている場合には、その業務を行うことによつ
　　て試験事務が不公正になるおそれがないこと。
2　厚生労働大臣は、前条第二項の規定による申請をした者が、次の各号のいずれかに該
　当するときは、指定試験機関の指定をしてはならない。
　一　一般社団法人又は一般財団法人以外の者であること。
　二　第二十五条の二十四第一項又は第二項の規定により指定を取り消され、その取消し
　　の日から起算して二年を経過しない者であること。
　三　その役員のうちに、次のいずれかに該当する者があること。
　　イ　この法律に違反して、刑に処せられ、その執行を終わり、又は執行を受けること
　　　がなくなつた日から起算して二年を経過しない者
　　ロ　第二十五条の十五第二項の規定による命令により解任され、その解任の日から起
　　　算して二年を経過しない者
（指定の公示等）

第二十五条の十四　厚生労働大臣は、第二十五条の十二第一項の規定による指定をしたと
　きは、指定試験機関の名称及び主たる事務所の所在地並びに当該指定をした日を公示し
　なければならない。
2　指定試験機関は、その名称又は主たる事務所の所在地を変更しようとするときは、変
　更しようとする日の二週間前までに、その旨を厚生労働大臣に届け出なければならない。
3　厚生労働大臣は、前項の規定による届出があつたときは、その旨を公示しなければな
　らない。
（役員の選任及び解任）

第二十五条の十五　指定試験機関の役員の選任及び解任は、厚生労働大臣の認可を受けな
　ければ、その効力を生じない。
2　厚生労働大臣は、指定試験機関の役員が、この法律（これに基づく命令又は処分を含
　む。）若しくは第二十五条の十八第一項に規定する試験事務規程に違反する行為をした
　とき、又は試験事務に関し著しく不適当な行為をしたときは、指定試験機関に対し、当
　該役員を解任すべきことを命ずることができる。
（試験委員）

第二十五条の十六　指定試験機関は、試験事務のうち、給水装置工事主任技術者として必
　要な知識及び技能を有するかどうかの判定に関する事務を行う場合には、試験委員にそ
　の事務を行わせなければならない。
2　指定試験機関は、試験委員を選任しようとするときは、厚生労働省令で定める要件を
　備える者のうちから選任しなければならない。
3　指定試験機関は、試験委員を選任したときは、厚生労働省令で定めるところにより、
　遅滞なく、その旨を厚生労働大臣に届け出なければならない。試験委員に変更があつた
　ときも、同様とする。
4　前条第二項の規定は、試験委員の解任について準用する。

（秘密保持義務等）

第二十五条の十七 指定試験機関の役員若しくは職員（試験委員を含む。次項において同じ。）又はこれらの職にあつた者は、試験事務に関して知り得た秘密を漏らしてはならない。

2 試験事務に従事する指定試験機関の役員又は職員は、刑法（明治四十年法律第四十五号）その他の罰則の適用については、法令により公務に従事する職員とみなす。

（試験事務規程）

第二十五条の十八 指定試験機関は、試験事務の開始前に、試験事務の実施に関する規程（以下「試験事務規程」という。）を定め、厚生労働大臣の認可を受けなければならない。これを変更しようとするときも、同様とする。

2 試験事務規程で定めるべき事項は、厚生労働省令で定める。

3 厚生労働大臣は、第一項の規定により認可をした試験事務規程が試験事務の適正かつ確実な実施上不適当となつたと認めるときは、指定試験機関に対し、これを変更すべきことを命ずることができる。

（事業計画の認可等）

第二十五条の十九 指定試験機関は、毎事業年度、事業計画及び収支予算を作成し、当該事業年度の開始前に（第二十五条の十二第一項の規定による指定を受けた日の属する事業年度にあつては、その指定を受けた後遅滞なく）、厚生労働大臣の認可を受けなければならない。これを変更しようとするときも、同様とする。

2 指定試験機関は、毎事業年度、事業報告書及び収支決算書を作成し、当該事業年度の終了後三月以内に、厚生労働大臣に提出しなければならない。

（帳簿の備付け）

第二十五条の二十 指定試験機関は、厚生労働省令で定めるところにより、試験事務に関する事項で厚生労働省令で定めるものを記載した帳簿を備え、これを保存しなければならない。

（監督命令）

第二十五条の二十一 厚生労働大臣は、試験事務の適正な実施を確保するため必要があると認めるときは、指定試験機関に対し、試験事務に関し監督上必要な命令をすることができる。

（報告、検査等）

第二十五条の二十二 厚生労働大臣は、試験事務の適正な実施を確保するため必要があると認めるときは、指定試験機関に対し、試験事務の状況に関し必要な報告を求め、又はその職員に、指定試験機関の事務所に立ち入り、試験事務の状況若しくは設備、帳簿、書類その他の物件を検査させることができる。

2 前項の規定により立入検査を行う職員は、その身分を示す証明書を携帯し、関係者の請求があつたときは、これを提示しなければならない。

3 第一項の規定による権限は、犯罪捜査のために認められたものと解してはならない。

（試験事務の休廃止）

第二十五条の二十三　指定試験機関は、厚生労働大臣の許可を受けなければ、試験事務の全部又は一部を休止し、又は廃止してはならない。

2　厚生労働大臣は、指定試験機関の試験事務の全部又は一部の休止又は廃止により試験事務の適正かつ確実な実施が損なわれるおそれがないと認めるときでなければ、前項の規定による許可をしてはならない。

3　厚生労働大臣は、第一項の規定による許可をしたときは、その旨を公示しなければならない。

（指定の取消し等）

第二十五条の二十四　厚生労働大臣は、指定試験機関が第二十五条の十三第二項第一号又は第三号に該当するに至つたときは、その指定を取り消さなければならない。

2　厚生労働大臣は、指定試験機関が次の各号のいずれかに該当するときは、その指定を取り消し、又は期間を定めて試験事務の全部若しくは一部の停止を命ずることができる。

　一　第二十五条の十三第一項各号の要件を満たさなくなつたと認められるとき。

　二　第二十五条の十五第二項（第二十五条の十六第四項において準用する場合を含む。）、第二十五条の十八第三項又は第二十五条の二十一の規定による命令に違反したとき。

　三　第二十五条の十六第一項、第二十五条の十九、第二十五条の二十又は前条第一項の規定に違反したとき。

　四　第二十五条の十八第一項の規定により認可を受けた試験事務規程によらないで試験事務を行つたとき。

　五　不正な手段により指定試験機関の指定を受けたとき。

3　厚生労働大臣は、前二項の規定により指定を取り消し、又は前項の規定により試験事務の全部若しくは一部の停止を命じたときは、その旨を公示しなければならない。

（指定等の条件）

第二十五条の二十五　第二十五条の十二第一項、第二十五条の十五第一項、第二十五条の十八第一項、第二十五条の十九第一項又は第二十五条の二十三第一項の規定による指定、認可又は許可には、条件を付し、及びこれを変更することができる。

2　前項の条件は、当該指定、認可又は許可に係る事項の確実な実施を図るため必要な最小限度のものに限り、かつ、当該指定、認可又は許可を受ける者に不当な義務を課することとなるものであつてはならない。

（厚生労働大臣による試験事務の実施）

第二十五条の二十六　厚生労働大臣は、指定試験機関の指定をしたときは、試験事務を行わないものとする。

2　厚生労働大臣は、指定試験機関が第二十五条の二十三第一項の規定による許可を受けて試験事務の全部若しくは一部を休止したとき、第二十五条の二十四第二項の規定により指定試験機関に対し試験事務の全部若しくは一部の停止を命じたとき、又は指定試験機関が天災その他の事由により試験事務の全部若しくは一部を実施することが困難となつた場合

において必要があると認めるときは、当該試験事務の全部又は一部を自ら行うものとする。

3　厚生労働大臣は、前項の規定により試験事務の全部若しくは一部を自ら行うこととするとき、又は自ら行つていた試験事務の全部若しくは一部を行わないこととするときは、その旨を公示しなければならない。

（厚生労働省令への委任）

第二十五条の二十七　この法律に規定するもののほか、指定試験機関及びその行う試験事務並びに試験事務の引継ぎに関し必要な事項は、厚生労働省令で定める。

第四章　水道用水供給事業

（事業の認可）

第二十六条　水道用水供給事業を経営しようとする者は、厚生労働大臣の認可を受けなければならない。

（認可の申請）

第二十七条　水道用水供給事業経営の認可の申請をするには、申請書に、事業計画書、工事設計書その他厚生労働省令で定める書類（図面を含む。）を添えて、これを厚生労働大臣に提出しなければならない。

2　前項の申請書には、次に掲げる事項を記載しなければならない。

一　申請者の住所及び氏名（法人又は組合にあつては、主たる事務所の所在地及び名称並びに代表者の氏名）

二　水道事務所の所在地

3　水道用水供給事業者は、前項に規定する申請書の記載事項に変更を生じたときは、速やかに、その旨を厚生労働大臣に届け出なければならない。

4　第一項の事業計画書には、次に掲げる事項を記載しなければならない。

一　給水対象及び給水量

二　水道施設の概要

三　給水開始の予定年月日

四　工事費の予定総額及びその予定財源

五　経常収支の概算

六　その他厚生労働省令で定める事項

5　第一項の工事設計書には、次に掲げる事項を記載しなければならない。

一　一日最大給水量及び一日平均給水量

二　水源の種別及び取水地点

三　水源の水量の概算及び水質試験の結果

四　水道施設の位置（標高及び水位を含む。）、規模及び構造

五　浄水方法

六　工事の着手及び完了の予定年月日

七　その他厚生労働省令で定める事項

（認可基準）

第二十八条　水道用水供給事業経営の認可は、その申請が次の各号のいずれにも適合していると認められるときでなければ、与えてはならない。

一　当該水道用水供給事業の計画が確実かつ合理的であること。

二　水道施設の工事の設計が第五条の規定による施設基準に適合すること。

三　地方公共団体以外の者の申請に係る水道用水供給事業にあつては、当該事業を遂行するに足りる経理的基礎があること。

四　その他当該水道用水供給事業の開始が公益上必要であること。

2　前項各号に規定する基準を適用するについて必要な技術的細目は、厚生労働省令で定める。

（附款）

第二十九条　厚生労働大臣は、地方公共団体以外の者に対して水道用水供給事業経営の認可を与える場合には、これに必要な条件を附することができる。

2　第九条第二項の規定は、前項の条件について準用する。

（事業の変更）

第三十条　水道用水供給事業者は、給水対象若しくは給水量を増加させ、又は水源の種別、取水地点若しくは浄水方法を変更しようとするとき（次の各号のいずれかに該当するときを除く。）は、厚生労働大臣の認可を受けなければならない。

一　その変更が厚生労働省令で定める軽微なものであるとき。

二　その変更が他の水道用水供給事業の全部を譲り受けることに伴うものであるとき。

2　前三条の規定は、前項の認可について準用する。

3　水道用水供給事業者は、第一項各号のいずれかに該当する変更を行うときは、あらかじめ、厚生労働省令で定めるところにより、その旨を厚生労働大臣に届け出なければならない。

（準用）

第三十一条　第十一条第一項及び第三項、第十二条、第十三条、第十五条第二項、第十九条（第二項第三号を除く。）、第二十条から第二十三条まで、第二十四条の二、第二十四条の三（第七項を除く。）、第二十四条の四、第二十四条の五、第二十四条の六（第一項第二号を除く。）、第二十四条の七、第二十四条の八（第三項を除く。）、第二十四条の九から第二十四条の十三までの規定は、水道用水供給事業者について準用する。この場合において、次の表の上欄に掲げる規定中同表の中欄に掲げる字句は、それぞれ同表の下欄に掲げる字句に読み替えるものとする。

（表は省略）

第五章　専用水道

（確認）

第三十二条　専用水道の布設工事をしようとする者は、その工事に着手する前に、当該工事の設計が第五条の規定による施設基準に適合するものであることについて、都道府県知事の確認を受けなければならない。

（確認の申請）

第三十三条　前条の確認の申請をするには、申請書に、工事設計書その他厚生労働省令で定める書類（図面を含む。）を添えて、これを都道府県知事に提出しなければならない。

2　前項の申請書には、次に掲げる事項を記載しなければならない。

一　申請者の住所及び氏名（法人又は組合にあつては、主たる事務所の所在地及び名称並びに代表者の氏名）

二　水道事務所の所在地

3　専用水道の設置者は、前項に規定する申請書の記載事項に変更を生じたときは、速やかに、その旨を都道府県知事に届け出なければならない。

4　第一項の工事設計書には、次に掲げる事項を記載しなければならない。

一　一日最大給水量及び一日平均給水量

二　水源の種別及び取水地点

三　水源の水量の概算及び水質試験の結果

四　水道施設の概要

五　水道施設の位置（標高及び水位を含む。）、規模及び構造

六　浄水方法

七　工事の着手及び完了の予定年月日

八　その他厚生労働省令で定める事項

5　都道府県知事は、第一項の申請を受理した場合において、当該工事の設計が第五条の規定による施設基準に適合することを確認したときは、申請者にその旨を通知し、適合しないと認めたとき、又は申請書の添附書類によつては適合するかしないかを判断することができないときは、その適合しない点を指摘し、又はその判断することができない理由を附して、申請者にその旨を通知しなければならない。

6　前項の通知は、第一項の申請を受理した日から起算して三十日以内に、書面をもつてしなければならない。

（準用）

第三十四条　第十三条、第十九条（第二項第三号及び第七号を除く。）、第二十条から第二十二条の二まで、第二十三条及び第二十四条の三（第七項を除く。）の規定は、専用水道の設置者について準用する。この場合において、次の表の上欄に掲げる規定中同表の中欄に掲げる字句は、それぞれ同表の下欄に掲げる字句に読み替えるものとする。

（表は省略）

2　一日最大給水量が千立方メートル以下である専用水道については、当該水道が消毒設備以外の浄水施設を必要とせず、かつ、自然流下のみによつて給水することができるものであるときは、前項の規定にかかわらず、第十九条第三項の規定を準用しない。

第六章　簡易専用水道

第三十四条の二　簡易専用水道の設置者は、厚生労働省令で定める基準に従い、その水道を管理しなければならない。

2　簡易専用水道の設置者は、当該簡易専用水道の管理について、厚生労働省令の定めるところにより、定期に、地方公共団体の機関又は厚生労働大臣の登録を受けた者の検査を受けなければならない。

（検査の義務）

第三十四条の三　前条第二項の登録を受けた者は、簡易専用水道の管理の検査を行うことを求められたときは、正当な理由がある場合を除き、遅滞なく、簡易専用水道の管理の検査を行わなければならない。

（準用）

第三十四条の四　第二十条の二から第二十条の五までの規定は第三十四条の二第二項の登録について、第二十条の六第二項の規定は簡易専用水道の管理の検査について、第二十条の七から第二十条の十六までの規定は第三十四条の二第二項の登録を受けた者について、それぞれ準用する。この場合において、次の表の上欄に掲げる規定中同表の中欄に掲げる字句は、それぞれ同表の下欄に掲げる字句に読み替えるものとする。

（表は省略）

第七章　監　　督

（認可の取消し）

第三十五条　厚生労働大臣は、水道事業者又は水道用水供給事業者が、正当な理由がなくて、事業認可の申請書に添附した工事設計書に記載した工事着手の予定年月日の経過後一年以内に工事に着手せず、若しくは工事完了の予定年月日の経過後一年以内に工事を完了せず、又は事業計画書に記載した給水開始の予定年月日の経過後一年以内に給水を開始しないときは、事業の認可を取り消すことができる。この場合において、工事完了の予定年月日の経過後一年を経過した時に一部の工事を完了していたときは、その工事を完了していない部分について事業の認可を取り消すこともできる。

2　地方公共団体以外の水道事業者について前項に規定する理由があるときは、当該水道事業の給水区域をその区域に含む市町村は、厚生労働大臣に同項の処分をなすべきことを求めることができる。

3　厚生労働大臣は、地方公共団体である水道事業者又は水道用水供給事業者に対して第

一項の処分をするには、当該水道事業者又は水道用水供給事業者に対して弁明の機会を与えなければならない。この場合においては、あらかじめ、書面をもつて弁明をなすべき日時、場所及び当該処分をなすべき理由を通知しなければならない。

（改善の指示等）

第三十六条　厚生労働大臣は水道事業又は水道用水供給事業について、都道府県知事は専用水道について、当該水道施設が第五条の規定による施設基準に適合しなくなつたと認め、かつ、国民の健康を守るため緊急に必要があると認めるときは、当該水道事業者若しくは水道用水供給事業者又は専用水道の設置者に対して、期間を定めて、当該施設を改善すべき旨を指示することができる。

2　厚生労働大臣は水道事業又は水道用水供給事業について、都道府県知事は専用水道について、水道技術管理者がその職務を怠り、警告を発したにもかかわらずなお継続して職務を怠つたときは、当該水道事業者若しくは水道用水供給事業者又は専用水道の設置者に対して、水道技術管理者を変更すべきことを勧告することができる。

3　都道府県知事は、簡易専用水道の管理が第三十四条の二第一項の厚生労働省令で定める基準に適合していないと認めるときは、当該簡易専用水道の設置者に対して、期間を定めて、当該簡易専用水道の管理に関し、清掃その他の必要な措置を採るべき旨を指示することができる。

（給水停止命令）

第三十七条　厚生労働大臣は水道事業者又は水道用水供給事業者が、都道府県知事は専用水道又は簡易専用水道の設置者が、前条第一項又は第三項の規定に基づく指示に従わない場合において、給水を継続させることが当該水道の利用者の利益を阻害すると認めるときは、その指示に係る事項を履行するまでの間、当該水道による給水を停止すべきことを命ずることができる。同条第二項の規定に基づく勧告に従わない場合において、給水を継続させることが当該水道の利用者の利益を阻害すると認めるときも、同様とする。

（供給条件の変更）

第三十八条　厚生労働大臣は、地方公共団体以外の水道事業者の料金、給水装置工事の費用の負担区分その他の供給条件が、社会的経済的事情の変動等により著しく不適当となり、公共の利益の増進に支障があると認めるときは、当該水道事業者に対し、相当の期間を定めて、供給条件の変更の認可を申請すべきことを命ずることができる。

2　厚生労働大臣は、水道事業者が前項の期間内に同項の申請をしないときは、供給条件を変更することができる。

（報告の徴収及び立入検査）

第三十九条　厚生労働大臣は、水道（水道事業等の用に供するものに限る。以下この項において同じ。）の布設若しくは管理又は水道事業若しくは水道用水供給事業の適正を確保するために必要があると認めるときは、水道事業者若しくは水道用水供給事業者から工事の施行状況若しくは事業の実施状況について必要な報告を徴し、又は当該職員をして水道の工事現場、事務所若しくは水道施設のある場所に立ち入らせ、工事の施行状況、

水道施設、水質、水圧、水量若しくは必要な帳簿書類（その作成又は保存に代えて電磁的記録の作成又は保存がされている場合における当該電磁的記録を含む。次項及び第四十条第八項において同じ。）を検査させることができる。

2　都道府県知事は、水道（水道事業等の用に供するものを除く。以下この項において同じ。）の布設又は管理の適正を確保するために必要があると認めるときは、専用水道の設置者から工事の施行状況若しくは専用水道の管理について必要な報告を徴し、又は当該職員をして水道の工事現場、事務所若しくは水道施設のある場所に立ち入らせ、工事の施行状況、水道施設、水質、水圧、水量若しくは必要な帳簿書類を検査させることができる。

3　都道府県知事は、簡易専用水道の管理の適正を確保するために必要があると認めるときは、簡易専用水道の設置者から簡易専用水道の管理について必要な報告を徴し、又は当該職員をして簡易専用水道の用に供する施設の在る場所若しくは設置者の事務所に立ち入らせ、その施設、水質若しくは必要な帳簿書類を検査させることができる。

4　前三項の規定により立入検査を行う場合には、当該職員は、その身分を示す証明書を携帯し、かつ、関係者の請求があつたときは、これを提示しなければならない。

5　第一項、第二項又は第三項の規定による立入検査の権限は、犯罪捜査のために認められたものと解釈してはならない。

第八章　雑　　則

（災害その他非常の場合における連携及び協力の確保）
第三十九条の二　国、都道府県、市町村及び水道事業者等並びにその他の関係者は、災害その他非常の場合における応急の給水及び速やかな水道施設の復旧を図るため、相互に連携を図りながら協力するよう努めなければならない。
（水道用水の緊急応援）
第四十条　都道府県知事は、災害その他非常の場合において、緊急に水道用水を補給することが公共の利益を保護するために必要であり、かつ、適切であると認めるときは、水道事業者又は水道用水供給事業者に対して、期間、水量及び方法を定めて、水道施設内に取り入れた水を他の水道事業者又は水道用水供給事業者に供給すべきことを命ずることができる。

2　厚生労働大臣は、前項に規定する都道府県知事の権限に属する事務について、国民の生命及び健康に重大な影響を与えるおそれがあると認めるときは、都道府県知事に対し同項の事務を行うことを指示することができる。

3　第一項の場合において、都道府県知事が同項に規定する権限に属する事務を行うことができないと厚生労働大臣が認めるときは、同項の規定にかかわらず、当該事務は厚生労働大臣が行う。

4　第一項及び前項の場合において、供給の対価は、当事者間の協議によつて定める。協

議が調わないとき、又は協議をすることができないときは、都道府県知事が供給に要した実費の額を基準として裁定する。

5　第一項及び前項に規定する都道府県知事の権限に属する事務は、需要者たる水道事業者又は水道用水供給事業者に係る第四十八条の規定による管轄都道府県知事と、供給者たる水道事業者又は水道用水供給事業者に係る同条の規定による管轄都道府県知事とが異なるときは、第一項及び前項の規定にかかわらず、厚生労働大臣が行う。

6　第四項の規定による裁定に不服がある者は、その裁定を受けた日から六箇月以内に、訴えをもつて供給の対価の増減を請求することができる。

7　前項の訴においては、供給の他の当事者をもつて被告とする。

8　都道府県知事は、第一項及び第四項の事務を行うために必要があると認めるときは、水道事業者若しくは水道用水供給事業者から、事業の実施状況について必要な報告を徴し、又は当該職員をして、事務所若しくは水道施設のある場所に立ち入らせ、水道施設、水質、水圧、水量若しくは必要な帳簿書類を検査させることができる。

9　第三十九条第四項及び第五項の規定は、前項の規定による都道府県知事の行う事務について準用する。この場合において、同条第四項中「前三項」とあり、及び同条第五項中「第一項、第二項又は第三項」とあるのは、「第四十条第八項」と読み替えるものとする。

（合理化の勧告）

第四十一条　厚生労働大臣は、二以上の水道事業者間若しくは二以上の水道用水供給事業者間又は水道事業者と水道用水供給事業者との間において、その事業を一体として経営し、又はその給水区域の調整を図ることが、給水区域、給水人口、給水量、水源等に照らし合理的であり、かつ、著しく公共の利益を増進すると認めるときは、関係者に対しその旨の勧告をすることができる。

（地方公共団体による買収）

第四十二条　地方公共団体は、地方公共団体以外の者がその区域内に給水区域を設けて水道事業を経営している場合において、当該水道事業者が第三十六条第一項の規定による施設の改善の指示に従わないとき、又は公益の必要上当該給水区域をその区域に含む市町村から給水区域を拡張すべき旨の要求があつたにもかかわらずこれに応じないとき、その他その区域内において自ら水道事業を経営することが公益の増進のために適正かつ合理的であると認めるときは、厚生労働大臣の認可を受けて、当該水道事業者から当該水道の水道施設及びこれに付随する土地、建物その他の物件並びに水道事業を経営するために必要な権利を買収することができる。

2　地方公共団体は、前項の規定により水道施設等を買収しようとするときは、買収の範囲、価額及びその他の買収条件について、当該水道事業者と協議しなければならない。

3　前項の協議が調わないとき、又は協議をすることができないときは、厚生労働大臣が裁定する。この場合において、買収価額については、時価を基準とするものとする。

4　前項の規定による裁定があつたときは、裁定の効果については、土地収用法（昭和二十六年法律第二百十九号）に定める収用の効果の例による。

5　第三項の規定による裁定のうち買収価額に不服がある者は、その裁定を受けた日から六箇月以内に、訴えをもつてその増減を請求することができる。

6　前項の訴においては、買収の他の当事者をもつて被告とする。

7　第三項の規定による裁定についての審査請求においては、買収価額についての不服をその裁定についての不服の理由とすることができない。

（水源の汚濁防止のための要請等）

第四十三条　水道事業者又は水道用水供給事業者は、水源の水質を保全するため必要があると認めるときは、関係行政機関の長又は関係地方公共団体の長に対して、水源の水質の汚濁の防止に関し、意見を述べ、又は適当な措置を講ずべきことを要請することができる。

（国庫補助）

第四十四条　国は、水道事業又は水道用水供給事業を経営する地方公共団体に対し、その事業に要する費用のうち政令で定めるものについて、予算の範囲内において、政令の定めるところにより、その一部を補助することができる。

（国の特別な助成）

第四十五条　国は、地方公共団体が水道施設の新設、増設若しくは改造又は災害の復旧を行う場合には、これに必要な資金の融通又はそのあつせんにつとめなければならない。

（研究等の推進）

第四十五条の二　国は、水道に係る施設及び技術の研究、水質の試験及び研究、日常生活の用に供する水の適正かつ合理的な供給及び利用に関する調査及び研究その他水道に関する研究及び試験並びに調査の推進に努めるものとする。

（手数料）

第四十五条の三　給水装置工事主任技術者免状の交付、書換え交付又は再交付を受けようとする者は、国に、実費を勘案して政令で定める額の手数料を納付しなければならない。

2　給水装置工事主任技術者試験を受けようとする者は、国（指定試験機関が試験事務を行う場合にあつては、指定試験機関）に、実費を勘案して政令で定める額の受験手数料を納付しなければならない。

3　前項の規定により指定試験機関に納められた受験手数料は、指定試験機関の収入とする。

（都道府県が処理する事務）

第四十六条　この法律に規定する厚生労働大臣の権限に属する事務の一部は、政令で定めるところにより、都道府県知事が行うこととすることができる。

2　この法律（第三十二条、第三十三条第一項、第三項及び第五項、第三十四条第一項において準用する第十三条第一項及び第二十四条の三第二項、第三十六条、第三十七条並びに第三十九条第二項及び第三項に限る。）の規定により都道府県知事の権限に属する事務の一部は、地方自治法（昭和二十二年法律第六十七号）で定めるところにより、町村長が行うこととすることができる。

第四十七条　削除

（管轄都道府県知事）

第四十八条　この法律又はこの法律に基づく政令の規定により都道府県知事の権限に属する事務は、第三十九条（立入検査に関する部分に限る。）及び第四十条に定めるものを除き、水道事業、専用水道及び簡易専用水道について当該事業又は水道により水が供給される区域が二以上の都道府県の区域にまたがる場合及び水道用水供給事業について当該事業から用水の供給を受ける水道事業により水が供給される区域が二以上の都道府県の区域にまたがる場合は、政令で定めるところにより関係都道府県知事が行う。

（市又は特別区に関する読替え等）

第四十八条の二　市又は特別区の区域においては、第三十二条、第三十三条第一項、第三項及び第五項、第三十四条第一項において準用する第十三条第一項及び第二十四条の三第二項、第三十六条、第三十七条並びに第三十九条第二項及び第三項中「都道府県知事」とあるのは、「市長」又は「区長」と読み替えるものとする。

2　前項の規定により読み替えられた場合における前条の規定の適用については、市長又は特別区の区長を都道府県知事と、市又は特別区を都道府県とみなす。

（審査請求）

第四十八条の三　指定試験機関が行う試験事務に係る処分又はその不作為については、厚生労働大臣に対し、審査請求をすることができる。この場合において、厚生労働大臣は、行政不服審査法（平成二十六年法律第六十八号）第二十五条第二項及び第三項、第四十六条第一項及び第二項、第四十七条並びに第四十九条第三項の規定の適用については、指定試験機関の上級行政庁とみなす。

（特別区に関する読替）

第四十九条　特別区の存する区域においては、この法律中「市町村」とあるのは、「都」と読み替えるものとする。

（国の設置する専用水道に関する特例）

第五十条　この法律中専用水道に関する規定は、第五十二条、第五十三条、第五十四条、第五十五条及び第五十六条の規定を除き、国の設置する専用水道についても適用されるものとする。

2　国の行う専用水道の布設工事については、あらかじめ厚生労働大臣に当該工事の設計を届け出で、厚生労働大臣からその設計が第五の規定による施設基準に適合する旨の通知を受けたときは、第三十二条の規定にかかわらず、その工事に着手することができる。

3　第三十三条の規定は、前項の規定による届出及び厚生労働大臣がその届出を受けた場合における手続について準用する。この場合において、同条第二項及び第三項中「申請書」とあるのは、「届出書」と読み替えるものとする。

4　国の設置する専用水道については、第三十四条第一項において準用する第十三条第一項及び第二十四条の三第二項並びに前条に定める都道府県知事（第四十八条の二第一項の規定により読み替えられる場合にあつては、市長又は特別区の区長）の権限に属する事務は、厚生労働大臣が行う。

（国の設置する簡易専用水道に関する特例）

第五十条の二　この法律中簡易専用水道に関する規定は、第五十三条、第五十四条、第五十五条及び第五十六条の規定を除き、国の設置する簡易専用水道についても適用されるものとする。

2　国の設置する簡易専用水道については、第三十六条第三項、第三十七条及び第三十九条第三項に定める都道府県知事（第四十八条の二第一項の規定により読み替えられる場合にあつては、市長又は特別区の区長）の権限に属する事務は、厚生労働大臣が行う。

（経過措置）

第五十条の三　この法律の規定に基づき命令を制定し、又は改廃する場合においては、その命令で、その制定又は改廃に伴い合理的に必要と判断される範囲内において、所要の経過措置（罰則に関する経過措置を含む。）を定めることができる。

第九章　罰　　則

第五十一条　水道施設を損壊し、その他水道施設の機能に障害を与えて水の供給を妨害した者は、五年以下の懲役又は百万円以下の罰金に処する。

2　みだりに水道施設を操作して水の供給を妨害した者は、二年以下の懲役又は五十万円以下の罰金に処する。

3　前二項の規定にあたる行為が、刑法の罪に触れるときは、その行為者は、同法の罪と比較して、重きに従つて処断する。

第五十二条　次の各号のいずれかに該当する者は、三年以下の懲役又は三百万円以下の罰金に処する。

一　第六条第一項の規定による認可を受けないで水道事業を経営した者

二　第二十三条第一項（第三十一条及び第三十四条第一項において準用する場合を含む。）の規定に違反した者

三　第二十六条の規定による認可を受けないで水道用水供給事業を経営した者

第五十三条　次の各号のいずれかに該当する者は、一年以下の懲役又は百万円以下の罰金に処する。

一　第十条第一項前段の規定に違反した者

二　第十一条第一項（第三十一条において準用する場合を含む。）の規定に違反した者

三　第十五条第一項の規定に違反した者

四　第十五条第二項（第二十四条の八第一項（第三十一条において準用する場合を含む。）の規定により読み替えて適用する場合を含む。）（第三十一条において準用する場合を含む。）の規定に違反して水を供給しなかつた者

五　第十九条第一項（第三十一条及び第三十四条第一項において準用する場合を含む。）の規定に違反した者

六　第二十四条の三第一項（第三十一条及び第三十四条第一項において準用する場合を

含む。）の規定に違反して、業務を委託した者

七　第二十四条の三第三項（第三十一条及び第三十四条第一項において準用する場合を含む。）の規定に違反した者

八　第二十四条の七第一項（第三十一条において準用する場合を含む。）の規定に違反した者

九　第三十条第一項の規定に違反した者

十　第三十七条の規定による給水停止命令に違反した者

十一　第四十条第一項（第二十四条の八第一項（第三十一条において準用する場合を含む。）の規定により読み替えて適用する場合を含む。）及び第三項の規定による命令に違反した者

第五十三条の二　第二十条の十三（第三十四条の四において準用する場合を含む。）の規定による業務の停止の命令に違反した者は、一年以下の懲役又は百万円以下の罰金に処する。

第五十三条の三　第二十五条の十七第一項の規定に違反した者は、一年以下の懲役又は百万円以下の罰金に処する。

第五十三条の四　第二十五条の二十四第二項の規定による試験事務の停止の命令に違反したときは、その違反行為をした指定試験機関の役員又は職員は、一年以下の懲役又は百万円以下の罰金に処する。

第五十四条　次の各号のいずれかに該当する者は、百万円以下の罰金に処する。

一　第九条第一項（第十条第二項において準用する場合を含む。）の規定により認可に附せられた条件に違反した者

二　第十三条第一項（第三十一条及び第三十四条第一項において準用する場合を含む。）の規定に違反して水質検査又は施設検査を行わなかつた者

三　第二十条第一項（第三十一条及び第三十四条第一項において準用する場合を含む。）の規定に違反した者

四　第二十一条第一項（第三十一条及び第三十四条第一項において準用する場合を含む。）の規定に違反した者

五　第二十二条（第三十一条及び第三十四条第一項において準用する場合を含む。）の規定に違反した者

六　第二十九条第一項（第三十条第二項において準用する場合を含む。）の規定により認可に附せられた条件に違反した者

七　第三十二条の規定による確認を受けないで専用水道の布設工事に着手した者

八　第三十四条の二第二項の規定に違反した者

第五十五条　次の各号のいずれかに該当する者は、三十万円以下の罰金に処する。

一　地方公共団体以外の水道事業者であつて、第七条第四項第七号の規定により事業計画書に記載した供給条件（第十四条第六項の規定による認可があつたときは、認可後の供給条件、第三十八条第二項の規定による変更があつたときは、変更後の供給条件）

123

によらないで、料金又は給水装置工事の費用を受け取つたもの

二　第十条第三項、第十一条第三項（第三十一条において準用する場合を含む。）、第二十四条の三第二項（第三十一条及び第三十四条第一項において準用する場合を含む。）又は第三十条第三項の規定による届出をせず、又は虚偽の届出をした者

三　第三十九条第一項、第二項、第三項又は第四十条第八項（第二十四条の八第一項（第三十一条において準用する場合を含む。）の規定により読み替えて適用する場合を含む。）の規定による報告をせず、若しくは虚偽の報告をし、又は当該職員の検査を拒み、妨げ、若しくは忌避した者

第五十五条の二　次の各号のいずれかに該当する者は、三十万円以下の罰金に処する。

一　第二十条の九（第三十四条の四において準用する場合を含む。）の規定による届出をせず、又は虚偽の届出をした者

二　第二十条の十四（第三十四条の四において準用する場合を含む。）の規定に違反して帳簿を備えず、帳簿に記載せず、若しくは帳簿に虚偽の記載をし、又は帳簿を保存しなかつた者

三　第二十条の十五第一項（第三十四条の四において準用する場合を含む。）の規定による報告をせず、若しくは虚偽の報告をし、又は当該職員の検査を拒み、妨げ、若しくは忌避した者

第五十五条の三　次の各号のいずれかに該当するときは、その違反行為をした指定試験機関の役員又は職員は、三十万円以下の罰金に処する。

一　第二十五条の二十の規定に違反して帳簿を備えず、帳簿に記載せず、若しくは帳簿に虚偽の記載をし、又は帳簿を保存しなかつたとき。

二　第二十五条の二十二第一項の規定による報告を求められて、報告をせず、若しくは虚偽の報告をし、又は同項の規定による立入り若しくは検査を拒み、妨げ、若しくは忌避したとき。

三　第二十五条の二十三第一項の規定による許可を受けないで、試験事務の全部を廃止したとき。

第五十六条　法人の代表者又は法人若しくは人の代理人、使用人その他の従業者が、その法人又は人の業務に関して第五十二条から第五十三条の二まで又は第五十四条から第五十五条の二までの違反行為をしたときは、行為者を罰するほか、その法人又は人に対しても、各本条の罰金刑を科する。

第五十七条　正当な理由がないのに第二十五条の五第三項の規定による命令に違反して給水装置工事主任技術者免状を返納しなかつた者は、十万円以下の過料に処する。

〇水道法施行令

　　　水道法施行令

　内閣は、水道法（昭和三十二年法律第百七十七号）第三条第六項ただし書及び第九項、第十二条第二項（第三十一条において準用する場合を含む。）、第十六条、第十九条第三項

（第三十一条及び第三十四条第一項において準用する場合を含む。）、第四十四条、第四十六条並びに第四十八条の規定に基き、この政令を制定する。

（専用水道の基準）

第一条 水道法（以下「法」という。）第三条第六項ただし書に規定する政令で定める基準は、次のとおりとする。

一 口径二十五ミリメートル以上の導管の全長 千五百メートル

二 水槽の有効容量の合計 百立方メートル

2 法第三条第六項第二号に規定する政令で定める基準は、人の飲用その他の厚生労働省令で定める目的のために使用する水量が二十立方メートルであることとする。

（簡易専用水道の適用除外の基準）

第二条 法第三条第七項ただし書に規定する政令で定める基準は、水道事業の用に供する水道から水の供給を受けるために設けられる水槽の有効容量の合計が十立方メートルであることとする。

（水道施設の増設及び改造の工事）

第三条 法第三条第十項に規定する政令で定める水道施設の増設又は改造の工事は、次の各号に掲げるものとする。

一 一日最大給水量、水源の種別、取水地点又は浄水方法の変更に係る工事

二 沈でん池、濾過池、浄水池、消毒設備又は配水池の新設、増設又は大規模の改造に係る工事

（法第十一条第二項に規定する給水人口の基準）

第四条 法第十一条第二項に規定する政令で定める基準は、給水人口が五千人であることとする。

（布設工事監督者の資格）

第五条 法第十二条第二項（法第三十一条において準用する場合を含む。）に規定する政令で定める資格は、次のとおりとする。

一 学校教育法（昭和二十二年法律第二十六号）による大学（短期大学を除く。以下同じ。）の土木工学科若しくはこれに相当する課程において衛生工学若しくは水道工学に関する学科目を修めて卒業した後、又は旧大学令（大正七年勅令第三百八十八号）による大学において土木工学科若しくはこれに相当する課程を修めて卒業した後、二年以上水道に関する技術上の実務に従事した経験を有する者

二 学校教育法による大学の土木工学科又はこれに相当する課程において衛生工学及び水道工学に関する学科目以外の学科目を修めて卒業した後、三年以上水道に関する技術上の実務に従事した経験を有する者

三 学校教育法による短期大学（同法による専門職大学の前期課程を含む。）若しくは高等専門学校又は旧専門学校令（明治三十六年勅令第六十一号）による専門学校において土木科又はこれに相当する課程を修めて卒業した後（同法による専門職大学の前期課程にあつては、修了した後）、五年以上水道に関する技術上の実務に従事した経

125

　験を有する者

　　四　学校教育法による高等学校若しくは中等教育学校又は旧中等学校令（昭和十八年勅
　　　令第三十六号）による中等学校において土木科又はこれに相当する課程を修めて卒業
　　　した後、七年以上水道に関する技術上の実務に従事した経験を有する者

　　五　十年以上水道の工事に関する技術上の実務に従事した経験を有する者

　　六　厚生労働省令の定めるところにより、前各号に掲げる者と同等以上の技能を有する
　　　と認められる者

2　簡易水道事業の用に供する水道（以下「簡易水道」という。）については、前項第一
　号中「二年以上」とあるのは「一年以上」と、同項第二号中「三年以上」とあるのは「一
　年六箇月以上」と、同項第三号中「五年以上」とあるのは「二年六箇月以上」と、同項
　第四号中「七年以上」とあるのは「三年六箇月以上」と、同項第五号中「十年以上」と
　あるのは「五年以上」とそれぞれ読み替えるものとする。

（給水装置の構造及び材質の基準）

第六条　法第十六条の規定による給水装置の構造及び材質は、次のとおりとする。

　　一　配水管への取付口の位置は、他の給水装置の取付口から三十センチメートル以上離
　　　れていること。

　　二　配水管への取付口における給水管の口径は、当該給水装置による水の使用量に比し、
　　　著しく過大でないこと。

　　三　配水管の水圧に影響を及ぼすおそれのあるポンプに直接連結されていないこと。

　　四　水圧、土圧その他の荷重に対して充分な耐力を有し、かつ、水が汚染され、又は漏
　　　れるおそれがないものであること。

　　五　凍結、破壊、侵食等を防止するための適当な措置が講ぜられていること。

　　六　当該給水装置以外の水管その他の設備に直接連結されていないこと。

　　七　水槽、プール、流しその他水を入れ、又は受ける器具、施設等に給水する給水装置
　　　にあつては、水の逆流を防止するための適当な措置が講ぜられていること。

2　前項各号に規定する基準を適用するについて必要な技術的細目は、厚生労働省令で定
　める。

（水道技術管理者の資格）

第七条　法第十九条第三項（法第三十一条及び第三十四条第一項において準用する場合を
　含む。）に規定する政令で定める資格は、次のとおりとする。

　　一　第五条の規定により簡易水道以外の水道の布設工事監督者たる資格を有する者

　　二　第五条第一項第一号、第三号及び第四号に規定する学校において土木工学以外の工
　　　学、理学、農学、医学若しくは薬学に関する学科目又はこれらに相当する学科目を修
　　　めて卒業した後（学校教育法による専門職大学の前期課程にあつては、修了した後）、
　　　同項第一号に規定する学校を卒業した者については四年以上、同項第三号に規定する
　　　学校を卒業した者（同法による専門職大学の前期課程にあつては、修了した者）につ
　　　いては六年以上、同項第四号に規定する学校を卒業した者については八年以上水道に

　関する技術上の実務に従事した経験を有する者

　　三　十年以上水道に関する技術上の実務に従事した経験を有する者

　　四　厚生労働省令の定めるところにより、前二号に掲げる者と同等以上の技能を有すると認められる者

2　簡易水道又は一日最大給水量が千立方メートル以下である専用水道については、前項第一号中「簡易水道以外の水道」とあるのは「簡易水道」と、同項第二号中「四年以上」とあるのは「二年以上」と、「六年以上」とあるのは「三年以上」と、「八年以上」とあるのは「四年以上」と、同項第三号中「十年以上」とあるのは「五年以上」とそれぞれ読み替えるものとする。

（登録水質検査機関等の登録の有効期間）

第八条　法第二十条の五第一項（法第三十四条の四において準用する場合を含む。）の政令で定める期間は、三年とする。

（業務の委託）

第九条　法第二十四条の三第一項（法第三十一条及び第三十四条第一項において準用する場合を含む。）の規定による水道の管理に関する技術上の業務の委託は、次に定めるところにより行うものとする。

　　一　水道施設の全部又は一部の管理に関する技術上の業務を委託する場合にあつては、技術上の観点から一体として行わなければならない業務の全部を一の者に委託するものであること。

　　二　給水装置の管理に関する技術上の業務を委託する場合にあつては、当該水道事業者の給水区域内に存する給水装置の管理に関する技術上の業務の全部を委託するものであること。

　　三　次に掲げる事項についての条項を含む委託契約書を作成すること。

　　　イ　委託に係る業務の内容に関する事項

　　　ロ　委託契約の期間及びその解除に関する事項

　　　ハ　その他厚生労働省令で定める事項

第十条　法第二十四条の三第一項（法第三十一条及び第三十四条第一項において準用する場合を含む。）に規定する政令で定める要件は、法第二十四条の三第一項の規定により委託を受けて行う業務を適正かつ確実に遂行するに足りる経理的及び技術的な基礎を有するものであることとする。

（受託水道業務技術管理者の資格）

第十一条　法第二十四条の三第五項（法第三十一条及び第三十四条第一項において準用する場合を含む。）に規定する政令で定める資格は、第七条の規定により水道技術管理者たる資格を有する者とする。

（国庫補助）

第十二条　法第四十四条に規定する政令で定める費用は、別表の中欄に掲げる費用とし、同条の規定による補助は、その費用につき厚生労働大臣が定める基準によつて算出した

額（同表の中欄に掲げる施設の新設又は増設に関して寄附金その他の収入金があるときは、その額からその収入金の額を限度として厚生労働大臣が定める額を控除した額）に、それぞれ同表の下欄に掲げる割合を乗じて得た額について行うものとする。

2　前項の費用には、事務所、倉庫、門、さく、へい、植樹その他別表の中欄に掲げる施設の維持管理に必要な施設の新設又は増設に要する費用は、含まれないものとする。

（手数料）

第十三条　法第四十五条の三第一項の政令で定める手数料の額は、次の各号に掲げる者の区分に応じ、それぞれ当該各号に定める額とする。

一　給水装置工事主任技術者免状（以下この項において「免状」という。）の交付を受けようとする者　二千五百円（情報通信技術を活用した行政の推進等に関する法律（平成十四年法律第百五十一号）第六条第一項の規定により同項に規定する電子情報処理組織を使用する者（以下「電子情報処理組織を使用する者」という。）にあつては、二千四百五十円）

二　免状の書換え交付を受けようとする者　二千百五十円（電子情報処理組織を使用する者にあつては、二千五十円）

三　免状の再交付を受けようとする者　二千百五十円（電子情報処理組織を使用する者にあつては、二千五十円）

2　法第四十五条の三第二項の政令で定める受験手数料の額は、一万六千八百円とする。

（都道府県の処理する事務）

第十四条　水道事業（河川法（昭和三十九年法律第百六十七号）第三条第一項に規定する河川（以下この条及び次条第一項において「河川」という。）の流水を水源とする水道事業及び河川の流水を水源とする水道用水供給事業を経営する者から供給を受ける水を水源とする水道事業（以下この条及び次条第一項において「特定水源水道事業」という。）であつて、給水人口が五万人を超えるものを除く。以下この項において同じ。）に関する法第六条第一項、第九条第一項（法第十条第二項において準用する場合を含む。）、第十条第一項及び第三項、第十一条第一項及び第三項、第十三条第一項、第十四条第五項及び第六項、第二十四条の三第二項、第三十五条、第三十六条第一項及び第二項、第三十七条、第三十八条並びに第三十九条第一項の規定による厚生労働大臣の権限に属する事務並びに水道事業に関する法第四十二条第一項及び第三項（都道府県が当事者である場合を除く。）の規定による厚生労働大臣の権限に属する事務は、都道府県知事が行うものとする。

2　一日最大給水量が二万五千立方メートル以下である水道用水供給事業に関する法第二十六条、第二十九条第一項（法第三十条第二項において準用する場合を含む。）並びに第三十条第一項及び第三項、法第三十一条において準用する法第十一条第一項及び第三項、第十三条第一項及び第二十四条の三第二項並びに法第三十五条、第三十六条第一項及び第二項、第三十七条並びに第三十九条第一項の規定による厚生労働大臣の権限に属する事務は、都道府県知事が行うものとする。

3　給水人口が五万人を超える水道事業（特定水源水道事業に限る。）又は一日最大給水

量が二万五千立方メートルを超える水道用水供給事業の水源の種別、取水地点又は浄水
方法の変更であつて、当該変更に要する工事費の総額が一億円以下であるものに係る法
第十条第一項又は第三十条第一項の規定による厚生労働大臣の権限に属する事務は、都
道府県知事が行うものとする。

4　次の各号のいずれかに掲げる水道事業者間、水道用水供給事業者間又は水道事業者と
水道用水供給事業者との間における合理化に関する法第四十一条の規定による厚生労働
大臣の権限に属する事務は、都道府県知事が行うものとする。ただし、当該水道事業者
が経営する水道事業の給水区域又は当該水道用水供給事業者が経営する水道用水供給事
業から用水の供給を受ける水道事業の給水区域をその区域に含む都道府県が二以上であ
るときは、この限りでない。

　一　給水人口の合計が五万人以下である二以上の水道事業者間

　二　給水人口の合計が五万人を超える二以上の水道事業者（特定水源水道事業を経営す
る者を除く。）の間

　三　一日最大給水量の合計が二万五千立方メートル以下である二以上の水道用水供給事
業者間

　四　給水人口が五万人以下である水道事業者と一日最大給水量が二万五千立方メートル
以下である水道用水供給事業者との間

　五　給水人口が五万人を超える水道事業者（特定水源水道事業を経営する者を除く。）
と一日最大給水量が二万五千立方メートル以下である水道用水供給事業者（河川の流
水を水源とする水道用水供給事業を経営する者を除く。）との間

5　前各項の場合においては、法の規定中前各項の規定により都道府県知事が行う事務に
係る厚生労働大臣に関する規定は、都道府県知事に関する規定として都道府県知事に適
用があるものとする。

6　法第三十六条第一項及び第二項、第三十七条、第三十九条第一項並びに第四十一条に
規定する厚生労働大臣の権限に属する事務のうち、第一項、第二項及び第四項の規定に
より都道府県知事が行うものとされる事務は、水道の利用者の利益を保護するため緊急
の必要があると厚生労働大臣が認めるときは、厚生労働大臣又は都道府県知事が行うも
のとする。

7　前項の場合において、厚生労働大臣又は都道府県知事が当該事務を行うときは、相互
に密接な連携の下に行うものとする。

（指定都道府県の処理する事務）

第十五条　次に掲げる厚生労働大臣の権限に属する事務は、指定都道府県（水道事業又は
水道用水供給事業に係る公衆衛生の向上と生活環境の改善に関し特に専門的な知識を必
要とする事務が適切に実施されるものとして厚生労働大臣が指定する都道府県をいう。
以下この条において同じ。）の知事が行うものとする。

　一　特定水源水道事業であつて、給水人口が五万人を超えるもの（特定給水区域水道事
業（給水区域の全部が当該指定都道府県の区域に含まれる水道事業をいう。以下この

項において同じ。）であるものに限り、特定河川（河川法第六条第一項に規定する河川区域の全部が当該指定都道府県の区域に含まれる河川をいう。以下この項において同じ。）以外の河川の流水を水源とするもの及び当該指定都道府県が経営するものを除く。）に関する法第六条第一項、第九条第一項（法第十条第二項において準用する場合を含む。）、第十条第一項及び第三項、第十一条第一項及び第三項、第十三条第一項、第十四条第五項及び第六項、第二十四条の三第二項、第三十五条、第三十六条第一項及び第二項、第三十七条、第三十八条並びに第三十九条第一項の規定による厚生労働大臣の権限に属する事務（法第十条第一項の規定による厚生労働大臣の権限に属する事務については、前条第三項に規定する水道事業に係るものを除く。）

二　特定水源水道事業であつて、給水人口が五万人を超えるもの（特定給水区域水道事業であるものに限り、特定河川以外の河川の流水を水源とするものを除く。）に関する法第四十二条第一項及び第三項（当該指定都道府県が当事者である場合を除く。）の規定による厚生労働大臣の権限に属する事務

三　一日最大給水量が二万五千立方メートルを超える水道用水供給事業（特定給水区域水道用水供給事業（特定給水区域水道事業を経営する者に対してのみその用水を供給する水道用水供給事業をいう。次号ロ及びハにおいて同じ。）であるものに限り、特定河川以外の河川の流水を水源とするもの及び当該指定都道府県が経営するものを除く。）に関する法第二十六条、第二十九条第一項（法第三十条第二項において準用する場合を含む。）並びに第三十条第一項及び第三項、法第三十一条において準用する法第十一条第一項及び第三項、第十三条第一項及び第二十四条の三第二項並びに法第三十五条、第三十六条第一項及び第二項、第三十七条並びに第三十九条第一項の規定による厚生労働大臣の権限に属する事務（法第三十条第一項の規定による厚生労働大臣の権限に属する事務については、前条第三項に規定する水道用水供給事業に係るものを除く。）

四　次のいずれかに掲げる水道事業者間、水道用水供給事業者間又は水道事業者と水道用水供給事業者との間における合理化に関する法第四十一条の規定による厚生労働大臣の権限に属する事務

イ　特定給水区域水道事業である水道事業（特定河川以外の河川の流水を水源とするものを除く。）を経営する者である二以上の水道事業者（当該指定都道府県を除く。）の間（給水人口の合計が五万人以下である二以上の水道事業者間及び給水人口の合計が五万人を超える二以上の水道事業者（特定水源水道事業を経営する者を除く。）の間を除く。）

ロ　特定給水区域水道用水供給事業である水道用水供給事業（特定河川以外の河川の流水を水源とするものを除く。）を経営する者である二以上の水道用水供給事業者（当該指定都道府県を除く。）の間（一日最大給水量の合計が二万五千立方メートル以下である二以上の水道用水供給事業者間を除く。）

ハ　特定給水区域水道事業である水道事業（特定河川以外の河川の流水を水源とする

ものを除く。）を経営する者である水道事業者（当該指定都道府県を除く。）と特定
給水区域水道用水供給事業である水道用水供給事業（特定河川以外の河川の流水を
水源とするものを除く。）を経営する者である水道用水供給事業者（当該指定都道
府県を除く。）との間（次に掲げる水道事業者と水道用水供給事業者との間を除く。）

(1) 給水人口が五万人以下である水道事業者と一日最大給水量が二万五千立方メー
トル以下である水道用水供給事業者との間

(2)給水人口が五万人を超える水道事業者(特定水源水道事業を経営する者を除く。)
と一日最大給水量が二万五千立方メートル以下である水道用水供給事業者（河川
の流水を水源とする水道用水供給事業を経営する者を除く。）との間

2　厚生労働大臣は、前項の規定による指定都道府県の指定をしたときは、その旨を公示
しなければならない。

3　第一項の規定による指定都道府県の指定があつた場合においては、その指定の際現に
効力を有する厚生労働大臣が行つた認可等の処分その他の行為又は現に厚生労働大臣に
対して行つている認可等の申請その他の行為で、当該指定の日以後同項の規定により当
該指定都道府県の知事が行うこととなる事務に係るものは、当該指定の日以後において
は、当該指定都道府県の知事が行つた認可等の処分その他の行為又は当該指定都道府県
の知事に対して行つた認可等の申請その他の行為とみなす。

4　厚生労働大臣は、指定都道府県について第一項の規定による指定の事由がなくなつた
と認めるときは、当該指定を取り消すものとする。

5　第二項及び第三項の規定は、前項の規定による指定の取消しについて準用する。この
場合において、第三項中「厚生労働大臣」とあるのは「指定都道府県の知事」と、「当
該指定都道府県の知事」とあるのは「厚生労働大臣」と読み替えるものとする。

6　第一項の場合においては、法の規定中同項の規定により指定都道府県の知事が行う事
務に係る厚生労働大臣に関する規定は、指定都道府県の知事に関する規定として指定都
道府県の知事に適用があるものとする。

7　法第三十六条第一項及び第二項、第三十七条、第三十九条第一項並びに第四十一条に
規定する厚生労働大臣の権限に属する事務のうち、第一項の規定により指定都道府県の
知事が行うものとされる事務は、水道の利用者の利益を保護するため緊急の必要がある
と厚生労働大臣が認めるときは、厚生労働大臣又は指定都道府県の知事が行うものとす
る。

8　前項の場合において、厚生労働大臣又は指定都道府県の知事が当該事務を行うときは、
相互に密接な連携の下に行うものとする。

（管轄都道府県知事）

第十六条　法第四十八条に規定する関係都道府県知事は、次の各号に掲げる事業又は水道
について、それぞれ当該各号に定める区域をその区域に含むすべての都道府県の知事と
する。この場合において、当該都道府県知事は、共同して同条に規定する事務を行うも
のとする。

一　水道事業　当該事業の給水区域
二　水道用水供給事業　当該事業から用水の供給を受ける水道事業の給水区域
三　専用水道　当該水道により居住に必要な水の供給が行われる区域
四　簡易専用水道　当該水道により水の供給が行われる区域

○水道法施行規則
　　　　水道法施行規則
目　次

第一章　水道事業

第一節　事業の認可等

（令第一条第二項の厚生労働省令で定める目的）
第一条　水道法施行令（昭和三十二年政令第三百三十六号。以下「令」という。）第一条第二項に規定する厚生労働省令で定める目的は、人の飲用、炊事用、浴用その他人の生活の用に供することとする。
（水道基盤強化計画の作成の要請）
第一条の二　市町村の区域を超えた広域的な水道事業者等（水道法（昭和三十二年法律第百七十七号。以下「法」という。）第二条の二第一項に規定する水道事業者等をいう。）の間の連携等（同条第二項に規定する連携等をいう。）を推進しようとする二以上の市町村は、法第五条の三第五項の規定により都道府県に対し同条第一項に規定する水道基盤強化計画（以下「水道基盤強化計画」という。）を定めることを要請する場合においては、法第五条の二第一項に規定する基本方針に基づいて当該要請に係る水道基盤強化計画の素案を作成して、これを提示しなければならない。
（認可申請書の添付書類等）
第一条の三　法第七条第一項に規定する厚生労働省令で定める書類及び図面は、次に掲げるものとする。

　一　地方公共団体以外の者である場合は、水道事業経営を必要とする理由を記載した書類

　二　地方公共団体以外の法人又は組合である場合は、水道事業経営に関する意思決定を証する書類

　三　市町村以外の者である場合は、法第六条第二項の同意を得た旨を証する書類

　四　取水が確実かどうかの事情を明らかにする書類

　五　地方公共団体以外の法人又は組合である場合は、定款又は規約

　六　給水区域が他の水道事業の給水区域と重複しないこと及び給水区域内における専用水道の状況を明らかにする書類及びこれらを示した給水区域を明らかにする地図

　七　水道施設の位置を明らかにする地図

　八　水源の周辺の概況を明らかにする地図

　九　主要な水道施設（次号に掲げるものを除く。）の構造を明らかにする平面図、立面図、断面図及び構造図

　十　導水管きよ、送水管及び主要な配水管の配置状況を明らかにする平面図及び縦断面図

2　地方公共団体が申請者である場合であつて、当該申請が他の水道事業の全部を譲り受けることに伴うものであるときは、法第七条第一項に規定する厚生労働省令で定める書類及び図面は、前項の規定にかかわらず、同項第三号、第六号及び第七号に掲げるものとする。

（事業計画書の記載事項）

第二条　法第七条第四項第八号に規定する厚生労働省令で定める事項は、次の各号に掲げるものとする。

　一　工事費の算出根拠

　二　借入金の償還方法

　三　料金の算出根拠

　四　給水装置工事の費用の負担区分を定めた根拠及びその額の算出方法

（工事設計書に記載すべき水質試験の結果）

第三条　法第七条第五項第三号（法第十条第二項において準用する場合を含む。）に規定する水質試験の結果は、水質基準に関する省令（平成十五年厚生労働省令第百一号）の表の上欄に掲げる事項に関して水質が最も低下する時期における試験の結果とする。

2　前項の試験は、水質基準に関する省令に規定する厚生労働大臣が定める方法によつて行うものとする。

（工事設計書の記載事項）

第四条　法第七条第五項第八号に規定する厚生労働省令で定める事項は、次の各号に掲げるものとする。

　一　主要な水理計算

　二　主要な構造計算

（法第八条第一項各号を適用するについて必要な技術的細目）

第五条　法第八条第二項に規定する技術的細目のうち、同条第一項第一号に関するものは、次に掲げるものとする。

一　当該水道事業の開始が、当該水道事業に係る区域における不特定多数の者の需要に対応するものであること。

二　当該水道事業の開始が、需要者の意向を勘案したものであること。

第六条　法第八条第二項に規定する技術的細目のうち、同条第一項第二号に関するものは、次に掲げるものとする。

一　給水区域が、当該地域における水系、地形その他の自然的条件及び人口、土地利用その他の社会的条件、水道により供給される水の需要に関する長期的な見通し並びに当該地域における水道の整備の状況を勘案して、合理的に設定されたものであること。

二　給水区域が、水道の整備が行われていない区域の解消及び同一の市町村の既存の水道事業との統合について配慮して設定されたものであること。

三　給水人口が、人口、土地利用、水道の普及率その他の社会的条件を基礎として、各年度ごとに合理的に設定されたものであること。

四　給水量が、過去の用途別の給水量を基礎として、各年度ごとに合理的に設定されたものであること。

五　給水人口、給水量及び水道施設の整備の見通しが一定の確実性を有し、かつ、経常収支が適切に設定できるよう期間が設定されたものであること。

六　工事費の調達、借入金の償還、給水収益、水道施設の運転に要する費用等に関する収支の見通しが確実かつ合理的なものであること。

七　水質検査、点検等の維持管理の共同化について配慮されたものであること。

八　水道基盤強化計画が定められている地域にあつては、当該計画と整合性のとれたものであること。

九　水道用水供給事業者から用水の供給を受ける水道事業者にあつては、水道用水供給事業者との契約により必要量の用水の確実な供給が確保されていること。

十　取水に当たつて河川法（昭和三十九年法律第百六十七号）第二十三条の規定に基づく流水の占用の許可を必要とする場合にあつては、当該許可を受けているか、又は許可を受けることが確実であると見込まれること。

十一　取水に当たつて河川法第二十三条の規定に基づく流水の占用の許可を必要としない場合にあつては、水源の状況に応じて取水量が確実に得られると見込まれること。

十二　ダムの建設等により水源を確保する場合にあつては、特定多目的ダム法（昭和三十二年法律第三十五号）第四条第一項に規定する基本計画においてダム使用権の設定予定者とされている等により、当該ダムを使用できることが確実であると見込まれること。

第七条　法第八条第二項に規定する技術的細目のうち、同条第一項第六号に関するものは、当該申請者が当該水道事業の遂行に必要となる資金の調達及び返済の能力を有すること

とする。

（事業の変更の認可を要しない軽微な変更）

第七条の二　法第十条第一項第一号の厚生労働省令で定める軽微な変更は、次のいずれかの変更とする。

一　水道施設（送水施設（内径が二百五十ミリメートル以下の送水管及びその附属設備（ポンプを含む。）に限る。）並びに配水施設を除く。以下この号において同じ。）の整備を伴わない変更のうち、給水区域の拡張又は給水人口若しくは給水量の増加に係る変更であつて次のいずれにも該当しないもの（ただし、水道施設の整備を伴わない変更のうち、給水人口のみが増加する場合においては、ロの規定は適用しない。）。

　　イ　変更後の給水区域が他の水道事業の給水区域と重複するものであること。

　　ロ　変更後の給水人口と認可給水人口（法第七条第四項の規定により事業計画書に記載した給水人口（法第十条第一項又は第三項の規定により給水人口の変更（同条第一項第一号に該当するものを除く。）を行つたときは、直近の変更後の給水人口とする。）をいう。）との差が当該認可給水人口の十分の一を超えるものであること。

　　ハ　変更後の給水量と認可給水量（法第七条第四項の規定により事業計画書に記載した給水量（法第十条第一項又は第三項の規定により給水量の変更（同条第一項第一号に該当するものを除く。）を行つたときは、直近の変更後の給水量とする。）をいう。次号において同じ。）との差が当該認可給水量の十分の一を超えるものであること。

二　現在の給水量が認可給水量を超えない事業における、次に掲げるいずれかの浄水施設を用いる浄水方法への変更のうち、給水区域の拡張、給水人口若しくは給水量の増加又は水源の種別若しくは取水地点の変更を伴わないもの。ただし、ヌ又はルに掲げる浄水施設を用いる浄水方法への変更については、変更前の浄水方法に当該浄水施設を用いるものを追加する場合に限る。

　　イ　普通沈殿池

　　ロ　薬品沈殿池

　　ハ　高速凝集沈殿池

　　ニ　緩速濾過池

　　ホ　急速濾過池

　　ヘ　膜濾過設備

　　ト　エアレーション設備

　　チ　除鉄設備

　　リ　除マンガン設備

　　ヌ　粉末活性炭処理設備

　　ル　粒状活性炭処理設備

三　河川の流水を水源とする取水地点の変更のうち、給水区域の拡張、給水人口若しくは給水量の増加又は水源の種別若しくは浄水方法の変更を伴わないものであつて、次

に掲げる事由その他の事由により、当該河川の現在の取水地点から変更後の取水地点までの区間（イ及びロにおいて「特定区間」という。）における原水の水質が大きく変わるおそれがないもの。

　　イ　特定区間に流入する河川がないとき。

　　ロ　特定区間に汚染物質を排出する施設がないとき。

（変更認可申請書の添付書類等）

第八条　第一条の三第一項の規定は、法第十条第二項において準用する法第七条第一項に規定する厚生労働省令で定める書類及び図面について準用する。この場合において、第一条の三第一項中「次に」とあるのは「次の各号（給水区域を拡張しようとする場合にあつては第四号及び第八号を除き、給水人口を増加させようとする場合にあつては第三号、第四号及び第八号を除き、給水量を増加させようとする場合にあつては第三号を除き、水源の種別又は取水地点を変更しようとする場合にあつては第二号、第三号、第五号及び第六号を除き、浄水方法を変更しようとする場合にあつては第二号から第六号までを除く。）に」と、同項第九号中「除く。）」とあるのは「除く。）であつて、新設、増設又は改造されるもの」と、同項第十号中「配水管」とあるのは「配水管であつて、新設、増設又は改造されるもの」とそれぞれ読み替えるものとする。

2　第二条の規定は、法第十条第二項において準用する法第七条第四項第八号に規定する厚生労働省令で定める事項について準用する。この場合において、第二条中「各号」とあるのは、「各号（水源の種別、取水地点又は浄水方法の変更以外の変更を伴わない場合にあつては、第四号を除く。）」と読み替えるものとする。

3　第四条の規定は、法第十条第二項において準用する法第七条第五項第八号に規定する厚生労働省令で定める事項について準用する。この場合において、第四条第一号及び第二号中「主要」とあるのは、「新設、増設又は改造される水道施設に関する主要」と読み替えるものとする。

（事業の変更の届出）

第八条の二　法第十条第三項の届出をしようとする水道事業者は、次に掲げる事項を記載した届出書を厚生労働大臣に提出しなければならない。

　　一　届出者の住所及び氏名（法人又は組合にあつては、主たる事務所の所在地及び名称並びに代表者の氏名）

　　二　水道事務所の所在地

2　前項の届出書には、次に掲げる書類（図面を含む。）を添えなければならない。

　　一　次に掲げる事項を記載した事業計画書

　　　イ　変更後の給水区域、給水人口及び給水量

　　　ロ　水道施設の概要

　　　ハ　給水開始の予定年月日

　　　ニ　変更後の給水人口及び給水量の算出根拠

　　　ホ　法第十条第一項第二号に該当する場合にあつては、当該譲受けの年月日、変更後

　　の経常収支の概算及び料金並びに給水装置工事の費用の負担区分その他の供給条件

二　次に掲げる事項を記載した工事設計書

　イ　工事の着手及び完了の予定年月日

　ロ　第七条の二第一号又は法第十条第一項第二号に該当する場合にあつては、配水管
　　における最大静水圧及び最小動水圧

　ハ　第七条の二第二号に該当する場合にあつては、変更される浄水施設に係る水源の
　　種別、取水地点、水源の水量の概算、水質試験の結果及び変更後の浄水方法

　ニ　第七条の二第三号に該当する場合にあつては、変更される取水施設に係る水源の
　　種別、水源の水量の概算、水質試験の結果及び変更後の取水地点

三　水道施設の位置を明らかにする地図

四　第七条の二第一号（水道事業者が給水区域を拡張しようとする場合に限る。次号及
　　び第六号において同じ。）又は法第十条第一項第二号に該当し、かつ、水道事業者が
　　地方公共団体以外の者である場合にあつては、水道事業経営を必要とする理由を記載
　　した書類

五　第七条の二第一号又は法第十条第一項第二号に該当し、かつ、水道事業者が地方公
　　共団体以外の法人又は組合である場合にあつては、水道事業経営に関する意思決定を
　　証する書類

六　第七条の二第一号又は法第十条第一項第二号に該当し、かつ、水道事業者が市町村
　　以外の者である場合にあつては、法第六条第二項の同意を得た旨を証する書類

七　第七条の二第一号又は法第十条第一項第二号に該当する場合にあつては、給水区域
　　が他の水道事業の給水区域と重複しないこと及び給水区域内における専用水道の状況
　　を明らかにする書類及びこれらを示した給水区域を明らかにする地図

八　第七条の二第二号に該当する場合にあつては、主要な水道施設であつて、新設、増
　　設又は改造されるものの構造を明らかにする平面図、立面図、断面図及び構造図

九　第七条の二第三号に該当する場合にあつては、主要な水道施設であつて、新設、増
　　設又は改造されるものの構造を明らかにする平面図、立面図、断面図及び構造図並び
　　に変更される水源からの取水が確実かどうかの事情を明らかにする書類

（事業の休廃止の許可の申請）

第八条の三　法第十一条第一項の許可を申請する水道事業者は、申請書に、休廃止計画書
　及び次に掲げる書類（図面を含む。）を添えて、厚生労働大臣に提出しなければならない。

一　水道事業の休止又は廃止により公共の利益が阻害されるおそれがないことを証する
　　書類

二　休止又は廃止する給水区域を明らかにする地図

三　地方公共団体以外の水道事業者（給水人口が令第四条で定める基準を超えるものに
　　限る。）である場合は、当該水道事業の給水区域をその区域に含む市町村に協議した
　　ことを証する書類

2　前項の申請書には、次に掲げる事項を記載しなければならない。

　　　一　申請者の住所及び氏名（法人又は組合にあつては、主たる事務所の所在地及び名称
　　　　並びに代表者の氏名）

　　　二　水道事務所の所在地

３　第一項の休廃止計画書には、次に掲げる事項を記載しなければならない。

　　　一　休止又は廃止する給水区域

　　　二　休止又は廃止の予定年月日

　　　三　休止又は廃止する理由

　　　四　水道事業の全部又は一部を休止する場合にあつては、事業の全部又は一部の再開の
　　　　予定年月日

　　　五　水道事業の一部を廃止する場合にあつては、当該廃止後の給水区域、給水人口及び
　　　　給水量

　　　六　水道事業の一部を廃止する場合にあつては、当該廃止後の給水人口及び給水量の算
　　　　出根拠

　（事業の休廃止の許可の基準）

第八条の四　厚生労働大臣は、水道事業の全部又は一部の休止又は廃止により公共の利益
　が阻害されるおそれがないと認められるときでなければ、法第十一条第一項の許可をし
　てはならない。

　（布設工事監督者の資格）

第九条　令第五条第一項第六号の規定により同項第一号から第五号までに掲げる者と同等
　以上の技能を有すると認められる者は、次のとおりとする。

　　　一　令第五条第一項第一号又は第二号の卒業者であつて、学校教育法（昭和二十二年法
　　　　律第二十六号）に基づく大学院研究科において一年以上衛生工学若しくは水道工学に
　　　　関する課程を専攻した後、又は大学の専攻科において衛生工学若しくは水道工学に関
　　　　する専攻を修了した後、同項第一号の卒業者にあつては一年（簡易水道の場合は、六
　　　　箇月）以上、同項第二号の卒業者にあつては二年（簡易水道の場合は、一年）以上水
　　　　道に関する技術上の実務に従事した経験を有する者

　　　二　外国の学校において、令第五条第一項第一号若しくは第二号に規定する課程及び学
　　　　科目又は第三号若しくは第四号に規定する課程に相当する課程又は学科目を、それぞ
　　　　れ当該各号に規定する学校において修得する程度と同等以上に修得した後、それぞれ
　　　　当該各号に規定する最低経験年数（簡易水道の場合は、それぞれ当該各号に規定する
　　　　最低経験年数の二分の一）以上水道に関する技術上の実務に従事した経験を有する者

　　　三　技術士法（昭和五十八年法律第二十五号）第四条第一項の規定による第二次試験の
　　　　うち上下水道部門に合格した者（選択科目として上水道及び工業用水道を選択したも
　　　　のに限る。）であつて、一年（簡易水道の場合は、六箇月）以上水道に関する技術上
　　　　の実務に従事した経験を有する者

　（給水開始前の水質検査）

第十条　法第十三条第一項の規定により行う水質検査は、当該水道により供給される水が

水質基準に適合するかしないかを判断することができる場所において、水質基準に関する省令の表の上欄に掲げる事項及び消毒の残留効果について行うものとする。

2　前項の検査のうち水質基準に関する省令の表の上欄に掲げる事項の検査は、同令に規定する厚生労働大臣が定める方法によつて行うものとする。

（給水開始前の施設検査）

第十一条　法第十三条第一項の規定により行う施設検査は、浄水及び消毒の能力、流量、圧力、耐力、汚染並びに漏水のうち、施設の新設、増設又は改造による影響のある事項に関し、新設、増設又は改造に係る施設及び当該影響に関係があると認められる水道施設（給水装置を含む。）について行うものとする。

（法第十四条第二項各号を適用するについて必要な技術的細目）

第十二条　法第十四条第三項に規定する技術的細目のうち、地方公共団体が水道事業を経営する場合に係る同条第二項第一号に関するものは、次に掲げるものとする。

一　料金が、イに掲げる額とロに掲げる額の合算額からハに掲げる額を控除して算定された額を基礎として、合理的かつ明確な根拠に基づき設定されたものであること。

　イ　人件費、薬品費、動力費、修繕費、受水費、減価償却費、資産減耗費その他営業費用の合算額

　ロ　支払利息と資産維持費（水道施設の計画的な更新等の原資として内部留保すべき額をいう。）との合算額

　ハ　営業収益の額から給水収益を控除した額

二　第十七条の四第一項の試算を行つた場合にあつては、前号イからハまでに掲げる額が、当該試算に基づき、算定時からおおむね三年後から五年後までの期間について算定されたものであること。

三　前号に規定する場合にあつては、料金が、同号の期間ごとの適切な時期に見直しを行うこととされていること。

四　第二号に規定する場合以外の場合にあつては、料金が、おおむね三年を通じ財政の均衡を保つことができるよう設定されたものであること。

五　料金が、水道の需要者相互の間の負担の公平性、水利用の合理性及び水道事業の安定性を勘案して設定されたものであること。

第十二条の二　法第十四条第三項に規定する技術的細目のうち、地方公共団体以外の者が水道事業を経営する場合に係る同条第二項第一号に関するものは、次に掲げるものとする。

一　料金が、イに掲げる額とロに掲げる額の合算額からハに掲げる額を控除して算定された額を基礎として、合理的かつ明確な根拠に基づき設定されたものであること。

　イ　人件費、薬品費、動力費、修繕費、受水費、減価償却費、資産減耗費、公租公課、その他営業費用の合算額

　ロ　事業報酬の額

　ハ　営業収益の額から給水収益を控除した額

二　第十七条の四第一項の試算を行つた場合にあつては、前号イ及びハに掲げる額が、

　　当該試算に基づき、算定時からおおむね三年後から五年後までの期間について算定されたものであること。

三　前号に規定する場合にあつては、料金が、同号の期間ごとの適切な時期に見直しを行うこととされていること。

四　第二号に規定する場合以外の場合にあつては、料金が、おおむね三年を通じ財政の均衡を保つことができるよう設定されたものであること。

五　料金が、水道の需要者相互の間の負担の公平性、水利用の合理性及び水道事業の安定性を勘案して設定されたものであること。

第十二条の三　法第十四条第三項に規定する技術的細目のうち、同条第二項第三号に関するものは、次に掲げるものとする。

一　水道事業者の責任に関する事項として、必要に応じて、次に掲げる事項が定められていること。

　イ　給水区域

　ロ　料金、給水装置工事の費用等の徴収方法

　ハ　給水装置工事の施行方法

　ニ　給水装置の検査及び水質検査の方法

　ホ　給水の原則及び給水を制限し、又は停止する場合の手続

二　水道の需要者の責任に関する事項として、必要に応じて、次に掲げる事項が定められていること。

　イ　給水契約の申込みの手続

　ロ　料金、給水装置工事の費用等の支払義務及びその支払遅延又は不払の場合の措置

　ハ　水道メーターの設置場所の提供及び保管責任

　ニ　水道メーターの賃貸料等の特別の費用負担を課する場合にあつては、その事項及び金額

　ホ　給水装置の設置又は変更の手続

　ヘ　給水装置の構造及び材質が法第十六条の規定により定める基準に適合していない場合の措置

　ト　給水装置の検査を拒んだ場合の措置

　チ　給水装置の管理責任

　リ　水の不正使用の禁止及び違反した場合の措置

第十二条の四　法第十四条第三項に規定する技術的細目のうち、同条第二項第四号に関するものは、次に掲げるものとする。

一　料金に区分を設定する場合にあつては、給水管の口径、水道の使用形態等の合理的な区分に基づき設定されたものであること。

二　料金及び給水装置工事の費用のほか、水道の需要者が負担すべき費用がある場合にあつては、その金額が、合理的かつ明確な根拠に基づき設定されたものであること。

第十二条の五　法第十四条第三項に規定する技術的細目のうち、同条第二項第五号に関す

るものは、次に掲げるものとする。

一　水道事業者の責任に関する事項として、必要に応じて、次に掲げる事項が定められていること。

　　イ　貯水槽水道の設置者に対する指導、助言及び勧告

　　ロ　貯水槽水道の利用者に対する情報提供

二　貯水槽水道の設置者の責任に関する事項として、必要に応じて、次に掲げる事項が定められていること。

　　イ　貯水槽水道の管理責任及び管理の基準

　　ロ　貯水槽水道の管理の状況に関する検査

（料金の変更の届出）

第十二条の六　法第十四条第五項の規定による料金の変更の届出は、届出書に、料金の算出根拠及び経常収支の概算を記載した書類を添えて、速やかに行うものとする。

（給水装置の軽微な変更）

第十三条　法第十六条の二第三項の厚生労働省令で定める給水装置の軽微な変更は、単独水栓の取替え及び補修並びにこま、パッキン等給水装置の末端に設置される給水用具の部品の取替え（配管を伴わないものに限る。）とする。

（水道技術管理者の資格）

第十四条　令第七条第一項第四号の規定により同項第二号及び第三号に掲げる者と同等以上の技能を有すると認められる者は、次のとおりとする。

一　令第五条第一項第一号、第三号及び第四号に規定する学校において、工学、理学、農学、医学及び薬学に関する学科目並びにこれらに相当する学科目以外の学科目を修めて卒業した（当該学科目を修めて学校教育法に基づく専門職大学の前期課程（以下この号及び第四十条第二号において「専門職大学前期課程」という。）を修了した場合を含む。）後、同項第一号に規定する学校の卒業者については五年（簡易水道及び一日最大給水量が千立方メートル以下である専用水道（以下この号及び次号において「簡易水道等」という。）の場合は、二年六箇月）以上、同項第三号に規定する学校の卒業者（専門職大学前期課程の修了者を含む。次号において同じ。）については七年(簡易水道等の場合は、三年六箇月）以上、同項第四号に規定する学校の卒業者については九年（簡易水道等の場合は、四年六箇月）以上水道に関する技術上の実務に従事した経験を有する者

二　外国の学校において、令第七条第一項第二号に規定する学科目又は前号に規定する学科目に相当する学科目を、それぞれ当該各号に規定する学校において修得する程度と同等以上に修得した後、それぞれ当該各号の卒業者ごとに規定する最低経験年数（簡易水道等の場合は、それぞれ当該各号の卒業者ごとに規定する最低経験年数の二分の一）以上水道に関する技術上の実務に従事した経験を有する者

三　厚生労働大臣の登録を受けた者が行う水道の管理に関する講習（以下「登録講習」という。）の課程を修了した者

（登録）

第十四条の二 前条第三号の登録は、登録講習を行おうとする者の申請により行う。

2 前条第三号の登録を受けようとする者は、次に掲げる事項を記載した申請書を厚生労働大臣に提出しなければならない。

一 申請者の氏名又は名称並びに法人にあつては、その代表者の氏名

二 登録講習を行おうとする主たる事務所の名称及び所在地

三 登録講習を開始しようとする年月日

3 前項の申請書には、次に掲げる書類を添付しなければならない。

一 申請者が個人である場合は、その住民票の写し

二 申請者が法人である場合は、その定款及び登記事項証明書

三 申請者が次条各号の規定に該当しないことを説明した書類

四 講師の氏名、職業及び略歴

五 学科講習の科目及び時間数

六 実務講習の実施方法及び期間

七 登録講習の業務以外の業務を行つている場合には、その業務の種類及び概要を記載した書類

八 その他参考となる事項を記載した書類

（欠格条項）

第十四条の三 次の各号のいずれかに該当する者は、第十四条第三号の登録を受けることができない。

一 法又は法に基づく命令に違反し、罰金以上の刑に処せられ、その執行を終わり、又は執行を受けることがなくなつた日から二年を経過しない者

二 第十四条の十三の規定により第十四条第三号の登録を取り消され、その取消しの日から二年を経過しない者

三 法人であつて、その業務を行う役員のうちに前二号のいずれかに該当する者がある者

（登録基準）

第十四条の四 厚生労働大臣は、第十四条の二の規定により登録を申請した者が次に掲げる要件のすべてに適合しているときは、その登録をしなければならない。

一 学科講習の科目及び時間数は、次のとおりであること。

　イ 水道行政 二時間以上

　ロ 公衆衛生・衛生管理 二時間以上

　ハ 水道経営 三時間以上

　ニ 水道基礎工学概論 二十一時間以上

　ホ 水質管理 十二時間以上

　ヘ 水道施設管理 三十三時間以上

二 学科講習の講師が次のいずれかに該当するものであること。

　イ 学校教育法に基づく大学若しくは高等専門学校において前号に掲げる科目に相当

する学科を担当する教授、准教授若しくは講師の職にある者又はこれらの職にあつた者

　　ロ　法第三条第二項に規定する水道事業又は同条第四項に規定する水道用水供給事業に関する実務に十年以上従事した経験を有する者

　　ハ　イ又はロに掲げる者と同等以上の知識及び経験を有すると認められる者

　三　水道施設の技術的基準を定める省令（平成十二年厚生省令第十五号）第五条に適合する過設備を有する水道施設において、十五日間以上の実務講習（一日につき五時間以上実施されるものに限る。）が行われること。

2　登録は、登録講習機関登録簿に次に掲げる事項を記載してするものとする。

　一　登録年月日及び登録番号

　二　登録を受けた者の氏名又は名称及び住所並びに法人にあつては、その代表者の氏名

　三　登録を受けた者が登録講習を行う主たる事業所の名称及び所在地

　（登録の更新）

第十四条の五　第十四条第三号の登録は、五年ごとにその更新を受けなければ、その期間の経過によつて、その効力を失う。

2　前三条の規定は、前項の登録の更新について準用する。

　（実施義務）

第十四条の六　第十四条第三号の登録を受けた者（以下「登録講習機関」という。）は、正当な理由がある場合を除き、毎事業年度、次に掲げる事項を記載した登録講習の実施に関する計画を作成し、これに従つて公正に登録講習を行わなければならない。

　一　学科講習の実施時期、実施場所、科目、時間及び受講定員に関する事項

　二　実務講習の実施時期、実施場所及び受講定員に関する事項

2　登録講習機関は、毎事業年度の開始前に、前項の規定により作成した計画を厚生労働大臣に届け出なければならない。これを変更しようとするときも、同様とする。

　（変更の届出）

第十四条の七　登録講習機関は、その氏名若しくは名称又は住所の変更をしようとするときは、変更しようとする日の二週間前までに、その旨を厚生労働大臣に届け出なければならない。

　（業務規程）

第十四条の八　登録講習機関は、登録講習の業務の開始前に、次に掲げる事項を記載した登録講習の業務に関する規程を定め、厚生労働大臣に届け出なければならない。これを変更しようとするときも、同様とする。

　一　登録講習の受講申請に関する事項

　二　登録講習の受講手数料に関する事項

　三　前号の手数料の収納の方法に関する事項

　四　登録講習の講師の選任及び解任に関する事項

　五　登録講習の修了証書の交付及び再交付に関する事項

六　登録講習の業務に関する帳簿及び書類の保存に関する事項

七　第十四条の十第二項第二号及び第四号の請求に係る費用に関する事項

八　前各号に掲げるもののほか、登録講習の実施に関し必要な事項

（業務の休廃止）

第十四条の九　登録講習機関は、登録講習の業務の全部又は一部を休止し、又は廃止しようとするときは、あらかじめ、次に掲げる事項を厚生労働大臣に届け出なければならない。

一　休止又は廃止の理由及びその予定期日

二　休止しようとする場合にあつては、休止の予定期間

（財務諸表等の備付け及び閲覧等）

第十四条の十　登録講習機関は、毎事業年度経過後三月以内に、その事業年度の財産目録、貸借対照表及び損益計算書又は収支計算書並びに事業報告書（その作成に代えて電磁的記録（電子的方式、磁気的方式その他の人の知覚によつては認識することができない方式で作られる記録であつて、電子計算機による情報処理の用に供されるものをいう。以下同じ。）の作成がされている場合における当該電磁的記録を含む。次項において「財務諸表等」という。）を作成し、五年間事務所に備えて置かなければならない。

2　登録講習を受験しようとする者その他の利害関係人は、登録講習機関の業務時間内は、いつでも、次に掲げる請求をすることができる。ただし、第二号又は第四号の請求をするには、登録講習機関の定めた費用を支払わなければならない。

一　財務諸表等が書面をもつて作成されているときは、当該書面の閲覧又は謄写の請求

二　前号の書面の謄本又は抄本の請求

三　財務諸表等が電磁的記録をもつて作成されているときは、当該電磁的記録に記録された事項を紙面又は出力装置の映像面に表示する方法により表示したものの閲覧又は謄写の請求

四　前号の電磁的記録に記録された事項を電磁的方法であつて次のいずれかのものにより提供することの請求又は当該事項を記載した書面の交付の請求

　イ　送信者の使用に係る電子計算機と受信者の使用に係る電子計算機とを電気通信回線で接続した電子情報処理組織を使用する方法であつて、当該電気通信回線を通じて情報が送信され、受信者の使用に係る電子計算機に備えられたファイルに当該情報が記録されるもの

　ロ　磁気ディスクその他これに準ずる方法により一定の情報を確実に記録しておくことができる物をもつて調製するファイルに情報を記録したものを交付する方法

（適合命令）

第十四条の十一　厚生労働大臣は、登録講習機関が第十四条の四第一項各号のいずれかに適合しなくなつたと認めるときは、その登録講習機関に対し、これらの規定に適合するため必要な措置をとるべきことを命ずることができる。

（改善命令）

第十四条の十二　厚生労働大臣は、登録講習機関が第十四条の六第一項の規定に違反して

いると認めるときは、その登録講習機関に対し、登録講習を行うべきこと又は登録講習の実施方法その他の業務の方法の改善に関し必要な措置をとるべきことを命ずることができる。

（登録の取消し等）

第十四条の十三　厚生労働大臣は、登録講習機関が次の各号のいずれかに該当するときは、その登録を取り消し、又は期間を定めて登録講習の業務の全部若しくは一部の停止を命ずることができる。

一　第十四条の三第一号又は第三号に該当するに至つたとき。

二　第十四条の六第二項、第十四条の七から第十四条の九まで、第十四条の十第一項又は次条の規定に違反したとき。

三　正当な理由がないのに第十四条の十第二項各号の規定による請求を拒んだとき。

四　第十四条の十一又は前条の規定による命令に違反したとき。

五　不正の手段により第十四条第三号の登録を受けたとき。

（帳簿の備付け）

第十四条の十四　登録講習機関は、次に掲げる事項を記載した帳簿を備え、登録講習の業務を廃止するまでこれを保存しなければならない。

一　学科講習、実務講習ごとの講習実施年月日、実施場所、参加者氏名及び住所

二　学科講習の講師の氏名

三　講習修了者の氏名、生年月日及び修了年月日

（報告の徴収）

第十四条の十五　厚生労働大臣は、登録講習の実施のため必要な限度において、登録講習機関に対し、登録講習事務又は経理の状況に関し報告させることができる。

（公示）

第十四条の十六　厚生労働大臣は、次の場合には、その旨を公示しなければならない。

一　第十四条第三号の登録をしたとき。

二　第十四条の七の規定による届出があつたとき。

三　第十四条の九の規定による届出があつたとき。

四　第十四条の十三の規定により第十四条第三号の登録を取り消し、又は登録講習の業務の停止を命じたとき。

（定期及び臨時の水質検査）

第十五条　法第二十条第一項の規定により行う定期の水質検査は、次に掲げるところにより行うものとする。

一　次に掲げる検査を行うこと。

　　イ　一日一回以上行う色及び濁り並びに消毒の残留効果に関する検査

　　ロ　第三号に定める回数以上行う水質基準に関する省令の表（以下この項及び次項において「基準の表」という。）の上欄に掲げる事項についての検査

二　検査に供する水（以下「試料」という。）の採取の場所は、給水栓を原則とし、水

道施設の構造等を考慮して、当該水道により供給される水が水質基準に適合するかどうかを判断することができる場所を選定すること。ただし、基準の表中三の項から五の項まで、七の項、九の項、十一の項から二十の項まで、三十六の項、三十九の項から四十一の項まで、四十四の項及び四十五の項の上欄に掲げる事項については、送水施設及び配水施設内で濃度が上昇しないことが明らかであると認められる場合にあつては、給水栓のほか、浄水施設の出口、送水施設又は配水施設のいずれかの場所を採取の場所として選定することができる。

三　第一号ロの検査の回数は、次に掲げるところによること。

イ　基準の表中一の項、二の項、三十八の項及び四十六の項から五十一の項までの上欄に掲げる事項に関する検査については、おおむね一箇月に一回以上とすること。ただし、同表中三十八の項及び四十六の項から五十一の項までの上欄に掲げる事項に関する検査については、水道により供給される水に係る当該事項について連続的に計測及び記録がなされている場合にあつては、おおむね三箇月に一回以上とすることができる。

ロ　基準の表中四十二の項及び四十三の項の上欄に掲げる事項に関する検査については、水源における当該事項を産出する藻類の発生が少ないものとして、当該事項について検査を行う必要がないことが明らかであると認められる期間を除き、おおむね一箇月に一回以上とすること。

ハ　基準の表中三の項から三十七の項まで、三十九の項から四十一の項まで、四十四の項及び四十五の項の上欄に掲げる事項に関する検査については、おおむね三箇月に一回以上とすること。ただし、同表中三の項から九の項まで、十一の項から二十の項まで、三十二の項から三十七の項まで、三十九の項から四十一の項まで、四十四の項及び四十五の項の上欄に掲げる事項に関する検査については、水源に水又は汚染物質を排出する施設の設置の状況等から原水の水質が大きく変わるおそれが少ないと認められる場合（過去三年間において水源の種別、取水地点又は浄水方法を変更した場合を除く。）であつて、過去三年間における当該事項についての検査の結果がすべて当該事項に係る水質基準値（基準の表の下欄に掲げる許容限度の値をいう。以下この項において「基準値」という。）の五分の一以下であるときは、おおむね一年に一回以上と、過去三年間における当該事項についての検査の結果がすべて基準値の十分の一以下であるときは、おおむね三年に一回以上とすることができる。

四　次の表の上欄に掲げる事項に関する検査は、当該事項についての過去の検査の結果が基準値の二分の一を超えたことがなく、かつ、同表の下欄に掲げる事項を勘案してその全部又は一部を行う必要がないことが明らかであると認められる場合は、第一号及び前号の規定にかかわらず、省略することができること。

基準の表中三の項から五の項まで、七の項、十二の項、十三の項（海水を原水とする場合を除く。）、二十六の項（浄水処理にオゾン処理を用いる場合及び消毒に次亜塩素酸を用いる場合を除く。）、三十六の項、三十七の項、三十九の項から四十一の項まで、四十四の項及び四十五の項の上欄に掲げる事項	原水並びに水源及びその周辺の状況
基準の表中六の項、八の項及び三十二の項から三十五の項までの上欄に掲げる事項	原水、水源及びその周辺の状況並びに水道施設の技術的基準を定める省令（平成十二年厚生省令第十五号）第一条第十四号の薬品等及び同条第十七号の資機材等の使用状況
基準の表中十四の項から二十の項までの上欄に掲げる事項	原水並びに水源及びその周辺の状況（地下水を水源とする場合は、近傍の地域における地下水の状況を含む。）
基準の表中四十二の項及び四十三の項の上欄に掲げる事項	原水並びに水源及びその周辺の状況（湖沼等水が停滞しやすい水域を水源とする場合は、上欄に掲げる事項を産出する藻類の発生状況を含む。）

2　法第二十条第一項の規定により行う臨時の水質検査は、次に掲げるところにより行うものとする。

　一　水道により供給される水が水質基準に適合しないおそれがある場合に基準の表の上欄に掲げる事項について検査を行うこと。

　二　試料の採取の場所に関しては、前項第二号の規定の例によること。

　三　基準の表中一の項、二の項、三十八の項及び四十六の項から五十一の項までの上欄に掲げる事項以外の事項に関する検査は、その全部又は一部を行う必要がないことが明らかであると認められる場合は、第一号の規定にかかわらず、省略することができること。

3　第一項第一号ロの検査及び第二項の検査は、水質基準に関する省令に規定する厚生労働大臣が定める方法によつて行うものとする。

4　第一項第一号イの検査のうち色及び濁りに関する検査は、同号ロの規定により色度及び濁度に関する検査を行つた日においては、行うことを要しない。

5　第一項第一号ロの検査は、第二項の検査を行つた月においては、行うことを要しない。

6　水道事業者は、毎事業年度の開始前に第一項及び第二項の検査の計画（以下「水質検査計画」という。）を策定しなければならない。

7　水質検査計画には、次に掲げる事項を記載しなければならない。

　一　水質管理において留意すべき事項のうち水質検査計画に係るもの

　二　第一項の検査を行う項目については、当該項目、採水の場所、検査の回数及びその理由

　三　第一項の検査を省略する項目については、当該項目及びその理由

　四　第二項の検査に関する事項

　五　法第二十条第三項の規定により水質検査を委託する場合における当該委託の内容

　六　その他水質検査の実施に際し配慮すべき事項

8　法第二十条第三項ただし書の規定により、水道事業者が第一項及び第二項の検査を地方公共団体の機関又は登録水質検査機関（以下この項において「水質検査機関」という。）に委託して行うときは、次に掲げるところにより行うものとする。

　一　委託契約は、書面により行い、当該委託契約書には、次に掲げる事項（第二項の検査のみを委託する場合にあつては、ロ及びへを除く。）を含むこと。

　　イ　委託する水質検査の項目

　　ロ　第一項の検査の時期及び回数

　　ハ　委託に係る料金（以下この項において「委託料」という。）

　　ニ　試料の採取又は運搬を委託するときは、その採取又は運搬の方法

　　ホ　水質検査の結果の根拠となる書類

　　ヘ　第二項の検査の実施の有無

　二　委託契約書をその契約の終了の日から五年間保存すること。

　三　委託料が受託業務を遂行するに足りる額であること。

　四　試料の採取又は運搬を水質検査機関に委託するときは、その委託を受ける水質検査機関は、試料の採取又は運搬及び水質検査を速やかに行うことができる水質検査機関であること。

　五　試料の採取又は運搬を水道事業者が自ら行うときは、当該水道事業者は、採取した試料を水質検査機関に速やかに引き渡すこと。

　六　水質検査の実施状況を第一号ホに規定する書類又は調査その他の方法により確認すること。

（登録の申請）

第十五条の二　法第二十条の二の登録の申請をしようとする者は、様式第十三による申請書に次に掲げる書類を添えて、厚生労働大臣に提出しなければならない。

　一　申請者が個人である場合は、その住民票の写し

　二　申請者が法人である場合は、その定款及び登記事項証明書

　三　申請者が法第二十条の三各号の規定に該当しないことを説明した書類

　四　法第二十条の四第一項第一号の必要な検査施設を有していることを示す次に掲げる書類

　　イ　試料及び水質検査に用いる機械器具の汚染を防止するために必要な設備並びに適切に区分されている検査室を有していることを説明した書類（検査室を撮影した写真並びに縮尺及び寸法を記載した平面図を含む。）

　　ロ　次に掲げる水質検査を行うための機械器具に関する書類

　　　(1)　前条第一項第一号の水質検査の項目ごとに水質検査に用いる機械器具の名称及びその数を記載した書類

　　（2）水質検査に用いる機械器具ごとの性能を記載した書類

　　（3）水質検査に用いる機械器具ごとの所有又は借入れの別について説明した書類（借り入れている場合は、当該機械器具に係る借入れの期限を記載すること。）

　　（4）水質検査に用いる機械器具ごとに撮影した写真

五　法第二十条の四第一項第二号の水質検査を実施する者（以下「検査員」という。）の氏名及び略歴

六　法第二十条の四第一項第三号イに規定する部門（以下「水質検査部門」という。）及び同号ハに規定する専任の部門（以下「信頼性確保部門」という。）が置かれていることを説明した書類

七　法第二十条の四第一項第三号ロに規定する文書として、第十五条の四第六号に規定する標準作業書及び同条第七号イからまでに掲げる文書

八　水質検査を行う区域内の場所と水質検査を行う事業所との間の試料の運搬の経路及び方法並びにその運搬に要する時間を説明した書類

九　次に掲げる事項を記載した書面

　イ　検査員の氏名及び担当する水質検査の区分

　ロ　法第二十条の四第一項第三号イの管理者（以下「水質検査部門管理者」という。）の氏名及び第十五条の四第三号に規定する検査区分責任者の氏名

　ハ　第十五条の四第四号に規定する信頼性確保部門管理者の氏名

　ニ　水質検査を行う項目ごとの定量下限値

　ホ　現に行つている事業の概要

（登録の更新）

第十五条の三　法第二十条の五第一項の登録の更新を申請しようとする者は、様式第十四による申請書に次に掲げる書類を添えて、厚生労働大臣に提出しなければならない。

一　前条各号に掲げる書類（同条第七号に掲げる文書にあつては、変更がある事項に係る新旧の対照を明示すること。）

二　直近の三事業年度の各事業年度における水質検査を受託した実績を記載した書類

（検査の方法）

第十五条の四　法第二十条の六第二項の厚生労働省令で定める方法は、次のとおりとする。

一　水質基準に関する省令の表の上欄に掲げる事項の検査は、同令に規定する厚生労働大臣が定める方法により行うこと。

二　精度管理（検査に従事する者の技能水準の確保その他の方法により検査の精度を適正に保つことをいう。以下同じ。）を定期的に実施するとともに、外部精度管理調査（国又は都道府県その他の適当と認められる者が行う精度管理に関する調査をいう。以下同じ。）を定期的に受けること。

三　水質検査部門管理者は、次に掲げる業務を行うこと。ただし、ハについては、あらかじめ検査員の中から理化学的検査及び生物学的検査の区分ごとに指定した者（以下「検査区分責任者」という。）に行わせることができるものとする。

　　イ　水質検査部門の業務を統括すること。

　　ロ　次号ハの規定により報告を受けた文書に従い、当該業務について速やかに是正処置を講ずること。

　　ハ　水質検査について第六号に規定する標準作業書に基づき、適切に実施されていることを確認し、標準作業書から逸脱した方法により水質検査が行われた場合には、その内容を評価し、必要な措置を講ずること。

　　ニ　その他必要な業務

四　信頼性確保部門につき、次に掲げる業務を自ら行い、又は業務の内容に応じてあらかじめ指定した者に行わせる者（以下「信頼性確保部門管理者」という。）が置かれていること。

　　イ　第七号への文書に基づき、水質検査の業務の管理について内部監査を定期的に行うこと。

　　ロ　第七号トの文書に基づく精度管理を定期的に実施するための事務、外部精度管理調査を定期的に受けるための事務及び日常業務確認調査（国、水道事業者、水道用水供給事業者及び専用水道の設置者が行う水質検査の業務の確認に関する調査をいう。以下同じ。）を受けるための事務を行うこと。

　　ハ　イの内部監査並びにロの精度管理、外部精度管理調査及び日常業務確認調査の結果（是正処置が必要な場合にあつては、当該是正処置の内容を含む。）を水質検査部門管理者に対して文書により報告するとともに、その記録を法第二十条の十四の帳簿に記載すること。

　　ニ　その他必要な業務

五　水質検査部門管理者及び信頼性確保部門管理者が登録水質検査機関の役員又は当該部門を管理する上で必要な権限を有する者であること。

六　次の表に定めるところにより、標準作業書を作成し、これに基づき検査を実施すること。

作成すべき標準作業書の種類	記載すべき事項
検査実施標準作業書	一　水質検査の項目及び項目ごとの分析方法の名称
	二　水質検査の項目ごとに記載した試薬、試液、培地、標準品及び標準液（以下「試薬等」という。）の選択並びに調製の方法、試料の調製の方法並びに水質検査に用いる機械器具の操作の方法
	三　水質検査に当たつての注意事項
	四　水質検査により得られた値の処理の方法
	五　水質検査に関する記録の作成要領
	六　作成及び改定年月日
試料取扱標準作業書	一　試料の採取の方法
	二　試料の運搬の方法
	三　試料の受領の方法
	四　試料の管理の方法
	五　試料の管理に関する記録の作成要領
	六　作成及び改定年月日
試薬等管理標準作業書	一　試薬等の容器にすべき表示の方法
	二　試薬等の管理に関する注意事項
	三　試薬等の管理に関する記録の作成要領
	四　作成及び改定年月日
機械器具保守管理標準作業書	一　機械器具の名称
	二　常時行うべき保守点検の方法
	三　定期的な保守点検に関する計画
	四　故障が起こつた場合の対応の方法
	五　機械器具の保守管理に関する記録の作成要領
	六　作成及び改定年月日

七　次に掲げる文書を作成すること。

　イ　組織内の各部門の権限、責任及び相互関係等について記載した文書

　ロ　文書の管理について記載した文書

　ハ　記録の管理について記載した文書

　ニ　教育訓練について記載した文書

　ホ　不適合業務及び是正処置等について記載した文書

　ヘ　内部監査の方法を記載した文書

　ト　精度管理の方法及び外部精度管理調査を定期的に受けるための計画を記載した文書

　チ　水質検査結果書の発行の方法を記載した文書

　リ　受託の方法を記載した文書

　ヌ　物品の購入の方法を記載した文書

　ル　その他水質検査の業務の管理及び精度の確保に関する事項を記載した文書

（変更の届出）

第十五条の五　法第二十条の七の規定により変更の届出をしようとする者は、様式第十五による届出書を厚生労働大臣に提出しなければならない。

2　水質検査を行う区域又は水質検査を行う事業所の所在地の変更を行う場合に提出する前項の届出書には、第十五条の二第八号に掲げる書類を添えなければならない。

（水質検査業務規程）

第十五条の六　法第二十条の八第二項の厚生労働省令で定める事項は、次のとおりとする。

一　水質検査の業務の実施及び管理の方法に関する事項

二　水質検査の業務を行う時間及び休日に関する事項

三　水質検査の委託を受けることができる件数の上限に関する事項

四　水質検査の業務を行う事業所の場所に関する事項

五　水質検査に関する料金及びその収納の方法に関する事項

六　水質検査部門管理者及び信頼性確保部門管理者の氏名並びに検査員の名簿

七　水質検査部門管理者及び信頼性確保部門管理者の選任及び解任に関する事項

八　法第二十条の十第二項第二号及び第四号の請求に係る費用に関する事項

九　前各号に掲げるもののほか、水質検査の業務に関し必要な事項

2　登録水質検査機関は、法第二十条の八第一項前段の規定により水質検査業務規程の届出をしようとするときは、様式第十六による届出書に次に掲げる書類を添えて、厚生労働大臣に提出しなければならない。

一　前項第三号の規定により定める水質検査の委託を受けることができる件数の上限の設定根拠を明らかにする書類

二　前項第五号の規定により定める水質検査に関する料金の算出根拠を明らかにする書類

3　登録水質検査機関は、法第二十条の八第一項後段の規定により水質検査業務規程の変更の届出をしようとするときは、様式第十六の二による届出書に前項各号に掲げる書類を添えて、厚生労働大臣に提出しなければならない。ただし、第一項第三号及び第五号に定める事項（水質検査に関する料金の収納の方法に関する事項を除く。）の変更を行わない場合には、前項各号に掲げる書類を添えることを要しない。

（業務の休廃止の届出）

第十五条の七　登録水質検査機関は、法第二十条の九の規定により水質検査の業務の全部又は一部の休止又は廃止の届出をしようとするときは、次に掲げる事項を記載した届出書を厚生労働大臣に提出しなければならない。

一　休止又は廃止する検査の業務の範囲

二　休止又は廃止の理由及びその予定期日

三　休止しようとする場合にあつては、休止の予定期間

（電磁的記録に記録された情報の内容を表示する方法）

第十五条の八　法第二十条の十第二項第三号の厚生労働省令で定める方法は、当該電磁的

記録に記録された事項を紙面又は出力装置の映像面に表示する方法とする。

（情報通信の技術を利用する方法）

第十五条の九 法第二十条の十第二項第四号に規定する厚生労働省令で定める電磁的方法は、次の各号に掲げるもののうちいずれかの方法とする。

一 送信者の使用に係る電子計算機と受信者の使用に係る電子計算機とを電気通信回線で接続した電子情報処理組織を使用する方法であつて、当該電気通信回線を通じて情報が送信され、受信者の使用に係る電子計算機に備えられたファイルに当該情報が記録されるもの

二 磁気ディスクその他これに準ずる方法により一定の情報を確実に記録しておくことができる物をもつて調製するファイルに情報を記録したものを交付する方法

（帳簿の備付け）

第十五条の十 登録水質検査機関は、書面又は電磁的記録によつて水質検査に関する事項であつて次項に掲げるものを記載した帳簿を備え、水質検査を実施した日から起算して五年間、これを保存しなければならない。

2 法第二十条の十四の厚生労働省令で定める事項は次のとおりとする。

一 水質検査を委託した者の氏名及び住所（法人にあつては、主たる事務所の所在地及び名称並びに代表者の氏名）

二 水質検査の委託を受けた年月日

三 試料を採取した場所

四 試料の運搬の方法

五 水質検査の開始及び終了の年月日時

六 水質検査の項目

七 水質検査を行つた検査員の氏名

八 水質検査の結果及びその根拠となる書類

九 第十五条の四第四号ハにより帳簿に記載すべきこととされている事項

十 第十五条の四第七号ハの文書において帳簿に記載すべきこととされている事項

十一 第十五条の四第七号ニの教育訓練に関する記録

（健康診断）

第十六条 法第二十一条第一項の規定により行う定期の健康診断は、おおむね六箇月ごとに、病原体がし尿に排せつされる感染症の患者（病原体の保有者を含む。）の有無に関して、行うものとする。

2 法第二十一条第一項の規定により行う臨時の健康診断は、同項に掲げる者に前項の感染症が発生した場合又は発生するおそれがある場合に、発生した感染症又は発生するおそれがある感染症について、前項の例により行うものとする。

3 第一項の検査は、前項の検査を行つた月においては、同項の規定により行つた検査に係る感染症に関しては、行うことを要しない。

4 他の法令（地方公共団体の条例及び規則を含む。以下本項において同じ。）に基いて

行われた健康診断の内容が、第一項に規定する感染症の全部又は一部に関する健康診断の内容に相当するものであるときは、その健康診断の相当する部分は、同項に規定するその部分に相当する健康診断とみなす。この場合において、法第二十一条第二項の規定に基いて作成し、保管すべき記録は、他の法令に基いて行われた健康診断の記録をもつて代えるものとする。

（衛生上必要な措置）

第十七条　法第二十二条の規定により水道事業者が講じなければならない衛生上必要な措置は、次の各号に掲げるものとする。

一　取水場、貯水池、導水きよ、浄水場、配水池及びポンプせいは、常に清潔にし、水の汚染の防止を充分にすること。

二　前号の施設には、かぎを掛け、さくを設ける等みだりに人畜が施設に立ち入つて水が汚染されるのを防止するのに必要な措置を講ずること。

三　給水栓における水が、遊離残留塩素を〇・一mg／l（結合残留塩素の場合は、〇・四mg／l）以上保持するように塩素消毒をすること。ただし、供給する水が病原生物に著しく汚染されるおそれがある場合又は病原生物に汚染されたことを疑わせるような生物若しくは物質を多量に含むおそれがある場合の給水栓における水の遊離残留塩素は、〇・二mg／l（結合残留塩素の場合は、一・五mg／l）以上とする。

2　前項第三号の遊離残留塩素及び結合残留塩素の検査方法は、厚生労働大臣が定める。

（水道施設の維持及び修繕）

第十七条の二　法第二十二条の二第一項の厚生労働省令で定める基準は、次のとおりとする。

一　水道施設の構造、位置、維持又は修繕の状況その他の水道施設の状況（次号において「水道施設の状況」という。）を勘案して、流量、水圧、水質その他の水道施設の運転状態を監視し、及び適切な時期に、水道施設の巡視を行い、並びに清掃その他の当該水道施設を維持するために必要な措置を講ずること。

二　水道施設の状況を勘案して、適切な時期に、目視その他適切な方法により点検を行うこと。

三　前号の点検は、コンクリート構造物（水密性を有し、水道施設の運転に影響を与えない範囲において目視が可能なものに限る。次項及び第三項において同じ。）にあつては、おおむね五年に一回以上の適切な頻度で行うこと。

四　第二号の点検その他の方法により水道施設の損傷、腐食その他の劣化その他の異状があることを把握したときは、水道施設を良好な状態に保つように、修繕その他の必要な措置を講ずること。

2　水道事業者は、前項第二号の点検（コンクリート構造物に係るものに限る。）を行つた場合に、次に掲げる事項を記録し、これを次に点検を行うまでの期間保存しなければならない。

一　点検の年月日

　　二　点検を実施した者の氏名

　　三　点検の結果

3　水道事業者は、第一項第二号の点検その他の方法によりコンクリート構造物の損傷、腐食その他の劣化その他の異状があることを把握し、同項第四号の措置（修繕に限る。）を講じた場合には、その内容を記録し、当該コンクリート構造物を利用している期間保存しなければならない。

（水道施設台帳）

第十七条の三　法第二十二条の三第一項に規定する水道施設の台帳は、調書及び図面をもつて組成するものとする。

2　調書には、少なくとも次に掲げる事項を記載するものとする。

　　一　導水管きよ、送水管及び配水管（次号及び次項において「管路等」という。）にあつては、その区分、設置年度、口径、材質及び継手形式（以下この号において「区分等」という。）並びに区分等ごとの延長

　　二　水道施設（管路等を除く。）にあつては、その名称、設置年度、数量、構造又は形式及び能力

3　図面は、一般図及び施設平面図を作成するほか、必要に応じ、その他の図面を作成するものとし、水道施設につき、少なくとも次に掲げるところにより記載するものとする。

　　一　一般図は、次に掲げる事項を記載した地形図とすること。

　　　イ　市町村名及びその境界線

　　　ロ　給水区域の境界線

　　　ハ　主要な水道施設の位置及び名称

　　　ニ　主要な管路等の位置

　　　ホ　方位、縮尺、凡例及び作成の年月日

　　二　施設平面図は、次に掲げる事項を記載したものとすること。

　　　イ　前号（ロを除く。）に掲げる事項

　　　ロ　管路等の位置、口径及び材質

　　　ハ　制水弁、空気弁、消火栓、減圧弁及び排水設備の位置及び種類

　　　ニ　管路等以外の施設の名称、位置及び敷地の境界線

　　　ホ　付近の道路、河川、鉄道等の位置

　　三　一般図、施設平面図又はその他の図面のいずれかにおいて、次に掲げる事項を記載すること。

　　　イ　管路等の設置年度、継手形式及び土かぶり

　　　ロ　制水弁、空気弁、消火栓、減圧弁及び排水設備の形式及び口径

　　　ハ　止水栓の位置

　　　ニ　道路、河川、鉄道等を架空横断する管路等の構造形式、条数及び延長

4　調書及び図面の記載事項に変更があつたときは、速やかに、これを訂正しなければならない。

（水道事業に係る収支の見通しの作成及び公表）

第十七条の四　水道事業者は、法第二十二条の四第二項の収支の見通しを作成するに当たり、三十年以上の期間（次項において「算定期間」という。）を定めて、その事業に係る長期的な収支を試算するものとする。

2　前項の試算は、算定期間における給水収益を適切に予測するとともに、水道施設の損傷、腐食その他の劣化の状況を適切に把握又は予測した上で水道施設の新設、増設又は改造（当該状況により必要となる水道施設の更新に係るものに限る。）の需要を算出するものとする。

3　前項の需要の算出に当たつては、水道施設の規模及び配置の適正化、費用の平準化並びに災害その他非常の場合における給水能力を考慮するものとする。

4　水道事業者は、第一項の試算に基づき、十年以上を基準とした合理的な期間について収支の見通しを作成し、これを公表するよう努めなければならない。

5　水道事業者は、収支の見通しを作成したときは、おおむね三年から五年ごとに見直すよう努めなければならない。

（情報提供）

第十七条の五　法第二十四条の二の規定による情報の提供は、第一号から第六号までに掲げるものにあつては毎年一回以上定期に（第一号の水質検査計画にあつては、毎事業年度の開始前に）、第七号及び第八号に掲げるものにあつては必要が生じたときに速やかに、水道の需要者の閲覧に供する等水道の需要者が当該情報を容易に入手することができるような方法で行うものとする。

一　水質検査計画及び法第二十条第一項の規定により行う定期の水質検査の結果その他水道により供給される水の安全に関する事項

二　水道事業の実施体制に関する事項（法第二十四条の三第一項の規定による委託及び法第二十四条の四第一項の規定による水道施設運営権の設定の内容を含む。）

三　水道施設の整備その他水道事業に要する費用に関する事項

四　水道料金その他需要者の負担に関する事項

五　給水装置及び貯水槽水道の管理等に関する事項

六　水道施設の耐震性能、耐震性の向上に関する取組等の状況に関する事項

七　法第二十条第一項の規定により行う臨時の水質検査の結果

八　災害、水質事故等の非常時における水道の危機管理に関する事項

（委託契約書の記載事項）

第十七条の六　令第九条第三号ハに規定する厚生労働省令で定める事項は、委託に係る業務の実施体制に関する事項とする。

（業務の委託の届出）

第十七条の七　法第二十四条の三第二項の規定による業務の委託の届出に係る厚生労働省令で定める事項は、次のとおりとする。

一　水道事業者の氏名又は名称

二　水道管理業務受託者の住所及び氏名（法人又は組合（二以上の法人が、一の場所において行われる業務を共同連帯して請け負つた場合を含む。）にあつては、主たる事務所の所在地及び名称並びに代表者の氏名）

三　受託水道業務技術管理者の氏名

四　委託した業務の範囲

五　契約期間

2　法第二十四条の三第二項の規定による委託に係る契約が効力を失つたときの届出に係る厚生労働省令で定める事項は、前項各号に掲げるもののほか、当該契約が効力を失つた理由とする。

（業務の委託に関する特例）

第十七条の八　法第二十四条の三第六項の規定により水道管理業務受託者を水道事業者とみなして法第二十条第三項ただし書、第二十二条及び第二十二条の二第一項の規定を適用する場合における第十五条第八項、第十七条第一項並びに第十七条の二第二項及び第三項の規定の適用については、これらの規定中「水道事業者」とあるのは、「水道管理業務受託者」とする。

（水道施設運営権の設定の許可の申請）

第十七条の九　法第二十四条の五第一項に規定する厚生労働省令で定める書類（図面を含む。）は、次に掲げるものとする。

一　申請者が水道施設運営権を設定しようとする民間資金等の活用による公共施設等の整備等の促進に関する法律（平成十一年法律第百十七号）第二条第五項に規定する選定事業者（以下「選定事業者」という。）の定款又は規約

二　水道施設運営等事業の対象となる水道施設の位置を明らかにする地図

（水道施設運営等事業実施計画書）

第十七条の十　法第二十四条の五第三項第十号の厚生労働省令で定める事項は、次に掲げるものとする。

一　選定事業者が水道施設運営等事業を適正に遂行するに足りる専門的能力及び経理的基礎を有するものであることを証する書類

二　水道施設運営等事業の対象となる水道施設の維持管理及び計画的な更新に要する費用の予定総額及びその算出根拠並びにその調達方法並びに借入金の償還方法

三　水道施設運営等事業の対象となる水道施設の利用料金の算出根拠

四　水道施設運営等事業の実施による水道の基盤の強化の効果

五　契約終了時の措置

（水道施設運営権の設定の許可基準）

第十七条の十一　法第二十四条の六第二項に規定する技術的細目のうち、同条第一項第一号に関するものは、次に掲げるものとする。

一　水道施設運営等事業の対象となる水道施設及び当該水道施設に係る業務の範囲が、技術上の観点から合理的に設定され、かつ、選定事業者を水道施設運営権者とみなし

た場合の当該選定事業者と水道事業者の責任分担が明確にされていること。

二　水道施設運営権の存続期間が水道により供給される水の需要、水道施設の維持管理及び更新に関する長期的な見通しを踏まえたものであり、かつ、経常収支が適切に設定できるよう当該期間が設定されたものであること。

三　水道施設運営等事業の適正を期するために、水道事業者が選定事業者を水道施設運営権者とみなした場合の当該選定事業者の業務及び経理の状況を確認する適切な体制が確保され、かつ、当該確認すべき事項及び頻度が具体的に定められていること。

四　災害その他非常の場合における水道事業者及び選定事業者による水道事業を継続するための措置が、水道事業の適正かつ確実な実施のために適切なものであること。

五　水道施設運営等事業の継続が困難となつた場合における水道事業者が行う措置が、水道事業の適正かつ確実な実施のために適切なものであること。

六　選定事業者の工事費の調達、借入金の償還、給水収益及び水道施設の運営に要する費用等に関する収支の見通しが、水道施設運営等事業の適正かつ確実な実施のために適切なものであること。

七　水道施設運営等事業に関する契約終了時の措置が、水道事業の適正かつ確実な実施のために適切なものであること。

八　選定事業者が水道施設運営等事業を適正に遂行するに足りる専門的能力及び経理的基礎を有するものであること。

2　法第二十四条の六第二項に規定する技術的細目のうち、同条第一項第二号に関するものは、選定事業者を水道施設運営権者とみなして次条の規定により第十二条の二各号及び第十二条の四各号の規定を適用することとしたならばこれに掲げる要件に適合することとする。

3　法第二十四条の六第二項に規定する技術的細目のうち、同条第一項第三号に関するものは、水道施設運営等事業の実施により、当該水道事業における水道施設の維持管理及び計画的な更新、健全な経営の確保並びに運営に必要な人材の確保が図られることとする。

（水道施設運営等事業に関する特例）

第十七条の十二　法第二十四条の八第二項の規定により水道施設運営権者を水道事業者とみなして法第十四条第三項及び第五項、第二十条第三項ただし書、第二十二条、第二十二条の二第一項並びに第二十二条の四第二項の規定を適用する場合における第十二条から第十二条の四まで、第十二条の六、第十五条、第十七条、第十七条の二及び第十七条の四の規定の適用については、第十二条第一号中「料金」とあるのは「料金（水道施設運営権者が自らの収入として収受する水道施設の利用に係る料金を含む。第三号から第五号まで、次条から第十二条の四まで及び第十二条の六において同じ。）」と、第十五条第八項、第十七条第一項、第十七条の二第二項及び第三項並びに第十七条の四第一項中「水道事業者」とあるのは「水道施設運営権者」と、同条第二項中「更新」とあるのは「更新（民間資金等の活用による公共施設等の整備等の促進に関する法律（平成十一年法律

第百十七号）第二条第六項に規定する運営等として行うものに限る。）」とする。

第二節　指定給水装置工事事業者

（指定の申請）

第十八条　法第二十五条の二第二項の申請書は、様式第一によるものとする。

2　前項の申請書には、次に掲げる書類を添えなければならない。

一　法第二十五条の三第一項第三号イからへまでのいずれにも該当しない者であることを誓約する書類

二　法人にあつては定款及び登記事項証明書、個人にあつてはその住民票の写し

3　前項第一号の書類は、様式第二によるものとする。

第十九条　法第二十五条の二第二項第四号の厚生労働省令で定める事項は、次の各号に掲げるものとする。

一　法人にあつては、役員の氏名

二　指定を受けようとする水道事業者の給水区域について給水装置工事の事業を行う事業所（第二十一条第三項において単に「事業所」という。）において給水装置工事主任技術者として選任されることとなる者が法第二十五条の五第一項の規定により交付を受けている給水装置工事主任技術者免状（以下「免状」という。）の交付番号

三　事業の範囲

（厚生労働省令で定める機械器具）

第二十条　法第二十五条の三第一項第二号の厚生労働省令で定める機械器具は、次の各号に掲げるものとする。

一　金切りのこその他の管の切断用の機械器具

二　やすり、パイプねじ切り器その他の管の加工用の機械器具

三　トーチランプ、パイプレンチその他の接合用の機械器具

四　水圧テストポンプ

（厚生労働省令で定める者）

第二十条の二　法第二十五条の三第一項第三号イの厚生労働省令で定める者は、精神の機能の障害により給水装置工事の事業を適正に行うに当たつて必要な認知、判断及び意思疎通を適切に行うことができない者とする。

（給水装置工事主任技術者の選任）

第二十一条　指定給水装置工事事業者は、法第十六条の二の指定を受けた日から二週間以内に給水装置工事主任技術者を選任しなければならない。

2　指定給水装置工事事業者は、その選任した給水装置工事主任技術者が欠けるに至つたときは、当該事由が発生した日から二週間以内に新たに給水装置工事主任技術者を選任しなければならない。

3　指定給水装置工事事業者は、前二項の選任を行うに当たつては、一の事業所の給水装

置工事主任技術者が、同時に他の事業所の給水装置工事主任技術者とならないようにしなければならない。ただし、一の給水装置工事主任技術者が当該二以上の事業所の給水装置工事主任技術者となつてもその職務を行うに当たつて特に支障がないときは、この限りでない。

第二十二条　法第二十五条の四第二項の規定による給水装置工事主任技術者の選任又は解任の届出は、様式第三によるものとする。

（給水装置工事主任技術者の職務）

第二十三条　法第二十五条の四第三項第四号の厚生労働省令で定める給水装置工事主任技術者の職務は、水道事業者の給水区域において施行する給水装置工事に関し、当該水道事業者と次の各号に掲げる連絡又は調整を行うこととする。

一　配水管から分岐して給水管を設ける工事を施行しようとする場合における配水管の位置の確認に関する連絡調整

二　第三十六条第一項第二号に掲げる工事に係る工法、工期その他の工事上の条件に関する連絡調整

三　給水装置工事（第十三条に規定する給水装置の軽微な変更を除く。）を完了した旨の連絡

（免状の交付申請）

第二十四条　法第二十五条の五第一項の規定により給水装置工事主任技術者免状（以下「免状」という。）の交付を受けようとする者は、様式第四による免状交付申請書に次に掲げる書類を添えて、これを厚生労働大臣に提出しなければならない。

一　戸籍抄本又は住民票の抄本（日本の国籍を有しない者にあつては、これに代わる書面）

二　第三十三条の規定により交付する合格証書の写し

（免状の様式）

第二十五条　法第二十五条の五第一項の規定により交付する免状の様式は、様式第五による。

（免状の書換え交付申請）

第二十六条　免状の交付を受けている者は、免状の記載事項に変更を生じたときは、免状に戸籍抄本又は住民票の抄本（日本の国籍を有しない者にあつては、これに代わる書面）を添えて、厚生労働大臣に免状の書換え交付を申請することができる。

2　前項の免状の書換え交付の申請書の様式は、様式第六による。

（免状の再交付申請）

第二十七条　免状の交付を受けている者は、免状を破り、汚し、又は失つたときは、厚生労働大臣に免状の再交付を申請することができる。

2　前項の免状の再交付の申請書の様式は、様式第七による。

3　免状を破り、又は汚した者が第一項の申請をする場合には、申請書にその免状を添えなければならない。

4　免状の交付を受けている者は、免状の再交付を受けた後、失つた免状を発見したときは、五日以内に、これを厚生労働大臣に返納するものとする。

（免状の返納）

第二十八条　免状の交付を受けている者が死亡し、又は失そうの宣告を受けたときは、戸籍法（昭和二十二年法律第二百二十四号）に規定する死亡又は失そうの届出義務者は、一月以内に、厚生労働大臣に免状を返納するものとする。

（試験の公示）

第二十九条　厚生労働大臣又は法第二十五条の十二第一項に規定する指定試験機関（以下「指定試験機関」という。）は、法第二十五条の六第一項の規定による給水装置工事主任技術者試験（以下「試験」という。）を行う期日及び場所、受験願書の提出期限及び提出先その他試験の施行に関し必要な事項を、あらかじめ、官報に公示するものとする。

（試験科目）

第三十条　試験の科目は、次のとおりとする。

一　公衆衛生概論

二　水道行政

三　給水装置の概要

四　給水装置の構造及び性能

五　給水装置工事法

六　給水装置施工管理法

七　給水装置計画論

八　給水装置工事事務論

（試験科目の一部免除）

第三十一条　建設業法施行令（昭和三十一年政令第二百七十三号）第二十七条の三の表に掲げる検定種目のうち、管工事施工管理の種目に係る一級又は二級の技術検定に合格した者は、試験科目のうち給水装置の概要及び給水装置施工管理法の免除を受けることができる。

（受験の申請）

第三十二条　試験（指定試験機関がその試験事務を行うものを除く。）を受けようとする者は、様式第八による受験願書に次に掲げる書類を添えて、これを厚生労働大臣に提出しなければならない。

一　法第二十五条の六第二項に該当する者であることを証する書類

二　写真（出願前六月以内に脱帽して正面から上半身を写した写真で、縦四・五センチメートル横三・五センチメートルのもので、その裏面には撮影年月日及び氏名を記載すること。）

三　前条の規定により試験科目の一部の免除を受けようとする場合には、様式第九による給水装置工事主任技術者試験一部免除申請書及び前条に該当する者であることを証する書類

2 指定試験機関がその試験事務を行う試験を受けようとする者は、当該指定試験機関が定めるところにより、受験願書に前項各号に掲げる書類を添えて、これを当該指定試験機関に提出しなければならない。

（合格証書の交付）

第三十三条 厚生労働大臣（指定試験機関が合格証書の交付に関する事務を行う場合にあつては、指定試験機関）は、試験に合格した者に合格証書を交付しなければならない。

（変更の届出）

第三十四条 法第二十五条の七の厚生労働省令で定める事項は、次の各号に掲げるものとする。

一 氏名又は名称及び住所並びに法人にあつては、その代表者の氏名

二 法人にあつては、役員の氏名

三 給水装置工事主任技術者の氏名又は給水装置工事主任技術者が交付を受けた免状の交付番号

2 法第二十五条の七の規定により変更の届出をしようとする者は、当該変更のあつた日から三十日以内に様式第十による届出書に次に掲げる書類を添えて、水道事業者に提出しなければならない。

一 前項第一号に掲げる事項の変更の場合には、法人にあつては定款及び登記事項証明書、個人にあつては住民票の写し

二 前項第二号に掲げる事項の変更の場合には、様式第二による法第二十五条の三第一項第三号イからへまでのいずれにも該当しない者であることを誓約する書類及び登記事項証明書

（廃止等の届出）

第三十五条 法第二十五条の七の規定により事業の廃止、休止又は再開の届出をしようとする者は、事業を廃止し、又は休止したときは、当該廃止又は休止の日から三十日以内に、事業を再開したときは、当該再開の日から十日以内に、様式第十一による届出書を水道事業者に提出しなければならない。

（事業の運営の基準）

第三十六条 法第二十五条の八に規定する厚生労働省令で定める給水装置工事の事業の運営に関する基準は、次に掲げるものとする。

一 給水装置工事（第十三条に規定する給水装置の軽微な変更を除く。）ごとに、法第二十五条の四第一項の規定により選任した給水装置工事主任技術者のうちから、当該工事に関して法第二十五条の四第三項各号に掲げる職務を行う者を指名すること。

二 配水管から分岐して給水管を設ける工事及び給水装置の配水管への取付口から水道メーターまでの工事を施行する場合において、当該配水管及び他の地下埋設物に変形、破損その他の異常を生じさせることがないよう適切に作業を行うことができる技能を有する者を従事させ、又はその者に当該工事に従事する他の者を実施に監督させること。

　三　水道事業者の給水区域において前号に掲げる工事を施行するときは、あらかじめ当
　　該水道事業者の承認を受けた工法、工期その他の工事上の条件に適合するように当該
　　工事を施行すること。
　四　給水装置工事主任技術者及びその他の給水装置工事に従事する者の給水装置工事の
　　施行技術の向上のために、研修の機会を確保するよう努めること。
　五　次に掲げる行為を行わないこと。
　　イ　令第六条に規定する基準に適合しない給水装置を設置すること。
　　ロ　給水管及び給水用具の切断、加工、接合等に適さない機械器具を使用すること。
　六　施行した給水装置工事（第十三条に規定する給水装置の軽微な変更を除く。）ごとに、
　　第一号の規定により指名した給水装置工事主任技術者に次の各号に掲げる事項に関す
　　る記録を作成させ、当該記録をその作成の日から三年間保存すること。
　　イ　施主の氏名又は名称
　　ロ　施行の場所
　　ハ　施行完了年月日
　　ニ　給水装置工事主任技術者の氏名
　　ホ　竣工図
　　ヘ　給水装置工事に使用した給水管及び給水用具に関する事項
　　ト　法第二十五条の四第三項第三号の確認の方法及びその結果

第三節　指定試験機関

（指定試験機関の指定の申請）
第三十七条　法第二十五条の十二第二項の規定による申請は、次に掲げる事項を記載した
　申請書によつて行わなければならない。
　一　名称及び主たる事務所の所在地
　二　行おうとする試験事務の範囲
　三　指定を受けようとする年月日
2　前項の申請書には、次に掲げる書類を添えなければならない。
　一　定款及び登記事項証明書
　二　申請の日を含む事業年度の直前の事業年度における財産目録及び貸借対照表（申請
　　の日を含む事業年度に設立された法人にあつては、その設立時における財産目録）
　三　申請の日を含む事業年度の事業計画書及び収支予算書
　四　申請に係る意思の決定を証する書類
　五　役員の氏名及び略歴を記載した書類
　六　現に行つている業務の概要を記載した書類
　七　試験事務を行おうとする事務所の名称及び所在地を記載した書類
　八　試験事務の実施の方法に関する計画を記載した書類

九　その他参考となる事項を記載した書類

（指定試験機関の名称等の変更の届出）

第三十八条　法第二十五条の十四第二項の規定による指定試験機関の名称又は主たる事務所の所在地の変更の届出は、次に掲げる事項を記載した届出書によつて行わなければならない。

一　変更後の指定試験機関の名称又は主たる事務所の所在地

二　変更しようとする年月日

三　変更の理由

2　指定試験機関は、試験事務を行う事務所を新設し、又は廃止しようとするときは、次に掲げる事項を記載した届出書を厚生労働大臣に提出しなければならない。

一　新設し、又は廃止しようとする事務所の名称及び所在地

二　新設し、又は廃止しようとする事務所において試験事務を開始し、又は廃止しようとする年月日

三　新設又は廃止の理由

（役員の選任又は解任の認可の申請）

第三十九条　指定試験機関は、法第二十五条の十五第一項の規定により役員の選任又は解任の認可を受けようとするときは、次に掲げる事項を記載した申請書を厚生労働大臣に提出しなければならない。

一　役員として選任しようとする者の氏名、住所及び略歴又は解任しようとする者の氏名

二　選任し、又は解任しようとする年月日

三　選任又は解任の理由

（試験委員の要件）

第四十条　法第二十五条の十六第二項の厚生労働省令で定める要件は、次の各号のいずれかに該当する者であることとする。

一　学校教育法に基づく大学若しくは高等専門学校において水道に関する科目を担当する教授若しくは准教授の職にあり、又はあつた者

二　学校教育法に基づく大学若しくは高等専門学校において理科系統の正規の課程を修めて卒業した者（当該課程を修めて専門職大学前期課程を修了した者を含む。）で、その後十年以上国、地方公共団体、一般社団法人又は一般財団法人その他これらに準ずるものの研究機関において水道に関する研究の業務に従事した経験を有するもの

三　厚生労働大臣が前二号に掲げる者と同等以上の知識及び経験を有すると認める者

（試験委員の選任又は変更の届出）

第四十一条　法第二十五条の十六第三項の規定による試験委員の選任又は変更の届出は、次に掲げる事項を記載した届出書によつて行わなければならない。

一　選任した試験委員の氏名、住所及び略歴又は変更した試験委員の氏名

二　選任し、又は変更した年月日

三　選任又は変更の理由
（試験事務規程の認可の申請）

第四十二条　指定試験機関は、法第二十五条の十八第一項前段の規定により試験事務規程の認可を受けようとするときは、その旨を記載した申請書に当該試験事務規程を添えて、これを厚生労働大臣に提出しなければならない。

2　指定試験機関は、法第二十五条の十八第一項後段の規定により試験事務規程の変更の認可を受けようとするときは、次に掲げる事項を記載した申請書を厚生労働大臣に提出しなければならない。
一　変更の内容
二　変更しようとする年月日
三　変更の理由
（試験事務規程の記載事項）

第四十三条　法第二十五条の十八第二項の厚生労働省令で定める試験事務規程で定めるべき事項は、次のとおりとする。
一　試験事務の実施の方法に関する事項
二　受験手数料の収納に関する事項
三　試験事務に関して知り得た秘密の保持に関する事項
四　試験事務に関する帳簿及び書類の保存に関する事項
五　その他試験事務の実施に関し必要な事項
（事業計画及び収支予算の認可の申請）

第四十四条　指定試験機関は、法第二十五条の十九第一項前段の規定により事業計画及び収支予算の認可を受けようとするときは、その旨を記載した申請書に事業計画書及び収支予算書を添えて、これを厚生労働大臣に提出しなければならない。

2　第四十二条第二項の規定は、法第二十五条の十九第一項後段の規定による事業計画及び収支予算の変更の認可について準用する。
（帳簿）

第四十五条　法第二十五条の二十の厚生労働省令で定める事項は、次のとおりとする。
一　試験を施行した日
二　試験地
三　受験者の受験番号、氏名、住所、生年月日及び合否の別

2　法第二十五条の二十に規定する帳簿は、試験事務を廃止するまで保存しなければならない。
（試験結果の報告）

第四十六条　指定試験機関は、試験を実施したときは、遅滞なく、次に掲げる事項を記載した報告書を厚生労働大臣に提出しなければならない。
一　試験を施行した日
二　試験地

　三　受験申込者数

　四　受験者数

　五　合格者数

2　前項の報告書には、合格した者の受験番号、氏名、住所及び生年月日を記載した合格者一覧を添えなければならない。

（試験事務の休止又は廃止の許可の申請）

第四十七条　指定試験機関は、法第二十五条の二十三第一項の規定により試験事務の休止又は廃止の許可を受けようとするときは、次に掲げる事項を記載した申請書を厚生労働大臣に提出しなければならない。

　一　休止し、又は廃止しようとする試験事務の範囲

　二　休止しようとする年月日及びその期間又は廃止しようとする年月日

　三　休止又は廃止の理由

（試験事務の引継ぎ等）

第四十八条　指定試験機関は、法第二十五条の二十三第一項の規定による許可を受けて試験事務の全部若しくは一部を廃止する場合、法第二十五条の二十四第一項の規定により指定を取り消された場合又は法第二十五条の二十六第二項の規定により厚生労働大臣が試験事務の全部若しくは一部を自ら行う場合には、次に掲げる事項を行わなければならない。

　一　試験事務を厚生労働大臣に引き継ぐこと。

　二　試験事務に関する帳簿及び書類を厚生労働大臣に引き渡すこと。

　三　その他厚生労働大臣が必要と認める事項を行うこと。

第二章　水道用水供給事業

（認可申請書の添付書類等）

第四十九条　法第二十七条第一項に規定する厚生労働省令で定める書類及び図面は、次の各号に掲げるものとする。

　一　地方公共団体以外の者である場合は、水道用水供給事業経営を必要とする理由を記載した書類

　二　地方公共団体以外の法人又は組合である場合は、水道用水供給事業経営に関する意思決定を証する書類

　三　取水が確実かどうかの事情を明らかにする書類

　四　地方公共団体以外の法人又は組合である場合は、定款又は規約

　五　水道施設の位置を明らかにする地図

　六　水源の周辺の概況を明らかにする地図

　七　主要な水道施設(次号に掲げるものを除く。)の構造を明らかにする平面図、立面図、断面図及び構造図

　八　導水管きよ及び送水管の配置状況を明らかにする平面図及び縦断面図

2　地方公共団体が申請者である場合であつて、当該申請が他の水道用水供給事業の全部を譲り受けることに伴うものであるときは、法第二十七条第一項に規定する厚生労働省令で定める書類及び図面は、前項の規定にかかわらず、同項第五号に掲げるものとする。

（事業計画書の記載事項）

第五十条　法第二十七条第四項第六号に規定する厚生労働省令で定める事項は、工事費の算出根拠及び借入金の償還方法とする。

（変更認可申請書の添付書類等）

第五十一条　第四条の規定は、法第三十条第二項において準用する法第二十七条第五項第七号に規定する厚生労働省令で定める事項について準用する。この場合において、第四条第一号及び第二号中「主要」とあるのは、「新設、増設又は改造される水道施設に関する主要」と読み替えるものとする。

2　第四十九条の規定は、法第三十条第二項において準用する法第二十七条第一項に規定する厚生労働省令で定める書類及び図面について準用する。この場合において、第四十九条第一項中「各号」とあるのは「各号（給水対象を増加させようとする場合にあつては第三号及び第六号を除き、水源の種別又は取水地点を変更しようとする場合にあつては第二号及び第四号を除き、浄水方法を変更しようとする場合にあつては第二号、第三号及び第四号を除く。）」と、同項第七号中「除く。）」とあるのは「除く。）であつて、新設、増設又は改造されるもの」と、同項第八号中「送水管」とあるのは「送水管であつて、新設、増設又は改造されるもの」とそれぞれ読み替えるものとする。

3　前条の規定は、法第三十条第二項において準用する法第二十七条第四項第六号に規定する厚生労働省令で定める事項について準用する。

（法第二十八条第一項各号を適用するについて必要な技術的細目）

第五十一条の二　法第二十八条第二項に規定する技術的細目のうち、同条第一項第一号に関するものは、次に掲げるものとする。

　一　給水対象が、当該地域における水系、地形その他の自然的条件及び人口、土地利用その他の社会的条件、水道により供給される水の需要に関する長期的な見通し並びに当該地域における水道の整備の状況を勘案して、合理的に設定されたものであること。

　二　給水量が、給水対象の給水量及び水源の水量を基礎として、各年度ごとに合理的に設定されたものであること。

　三　給水量及び水道施設の整備の見通しが一定の確実性を有し、かつ、経常収支が適切に設定できるよう期間が設定されたものであること。

　四　工事費の調達、借入金の償還、給水収益、水道施設の運転に要する費用等に関する収支の見通しが確実かつ合理的なものであること。

　五　水道基盤強化計画が定められている地域にあつては、当該計画と整合性のとれたものであること。

　六　取水に当たつて河川法第二十三条の規定に基づく流水の占用の許可を必要とする場

合にあつては、当該許可を受けているか、又は許可を受けることが確実であると見込まれること。

七　取水に当たつて河川法第二十三条の規定に基づく流水の占用の許可を必要としない場合にあつては、水源の状況に応じて取水量が確実に得られると見込まれること。

八　ダムの建設等により水源を確保する場合にあつては、特定多目的ダム法第四条第一項に規定する基本計画においてダム使用権の設定予定者とされている等により、当該ダムを使用できることが確実であると見込まれること。

第五十一条の三　法第二十八条第二項に規定する技術的細目のうち、同条第一項第三号に関するものは、当該申請者が当該水道用水供給事業の遂行に必要となる資金の調達及び返済の能力を有することとする。

（事業の変更の認可を要しない軽微な変更）

第五十一条の四　法第三十条第一項第一号の厚生労働省令で定める軽微な変更は、次のいずれかの変更とする。

一　水源の種別、取水地点又は浄水方法の変更を伴わない変更のうち、給水対象又は給水量の増加に係る変更であつて、変更後の給水量と認可給水量（法第二十七条第四項の規定により事業計画書に記載した給水量（法第三十条第一項又は第三項の規定により給水量の変更（同条第一項第一号に該当するものを除く。）を行つたときは、直近の変更後の給水量とする。）をいう。次号において同じ。）との差が認可給水量の十分の一を超えないもの。

二　現在の給水量が認可給水量を超えない事業における、次に掲げるいずれかの浄水施設を用いる浄水方法への変更のうち、給水対象若しくは給水量の増加又は水源の種別若しくは取水地点の変更を伴わないもの。ただし、ヌ又はルに掲げる浄水施設を用いる浄水方法への変更については、変更前の浄水方法に当該浄水施設を用いるものを追加する場合に限る。

イ　普通沈殿池
ロ　薬品沈殿池
ハ　高速凝集沈殿池
ニ　緩速濾過池
ホ　急速濾過池
ヘ　膜濾過設備
ト　エアレーション設備
チ　除鉄設備
リ　除マンガン設備
ヌ　粉末活性炭処理設備
ル　粒状活性炭処理設備

三　河川の流水を水源とする取水地点の変更のうち、給水対象若しくは給水量の増加又は水源の種別若しくは浄水方法の変更を伴わないものであつて、次に掲げる事由その

他の事由により、当該河川の現在の取水地点と変更後の取水地点の間の流域（イ及び
ロにおいて「特定区間」という。）における原水の水質が大きく変わるおそれがない
もの。

　　イ　特定区間に流入する河川がないとき。

　　ロ　特定区間に汚染物質を排出する施設がないとき。

（事業の変更の届出）

第五十一条の五　法第三十条第三項の届出をしようとする水道用水供給事業者は、次に掲
げる事項を記載した届出書を厚生労働大臣に提出しなければならない。

　一　届出者の住所及び氏名（法人又は組合にあつては、主たる事務所の所在地及び名称
並びに代表者の氏名）

　二　水道事務所の所在地

2　前項の届出書には、次に掲げる書類（図面を含む。）を添えなければならない。

　一　次に掲げる事項を記載した事業計画書

　　イ　変更後の給水対象及び給水量

　　ロ　水道施設の概要

　　ハ　給水開始の予定年月日

　　ニ　法第三十条第一項第二号に該当する場合にあつては、当該譲受けの年月日及び変
更後の経常収支の概算

　二　次に掲げる事項を記載した工事設計書

　　イ　工事の着手及び完了の予定年月日

　　ロ　前条第二号に該当する場合にあつては、変更される浄水施設に係る水源の種別、
取水地点、水源の水量の概算、水質試験の結果及び変更後の浄水方法

　　ハ　前条第三号に該当する場合にあつては、変更される取水施設に係る水源の種別、
取水地点、水源の水量の概算、水質試験の結果及び変更後の取水地点

　三　水道施設の位置を明らかにする地図

　四　前条第一号（水道用水供給事業者が給水対象を増加しようとする場合に限る。次号
において同じ。）又は法第三十条第一項第二号に該当し、かつ、水道用水供給事業者
が地方公共団体以外の者である場合にあつては、水道用水供給事業経営を必要とする
理由を記載した書類

　五　前条第一号又は法第三十条第一項第二号に該当し、かつ、水道用水供給事業者が地
方公共団体以外の法人又は組合である場合にあつては、水道用水供給事業経営に関す
る意思決定を証する書類

　六　前条第二号に該当する場合にあつては、主要な水道施設であつて、新設、増設又は
改造されるものの構造を明らかにする平面図、立面図、断面図及び構造図

　七　前条第三号に該当する場合にあつては、主要な水道施設であつて、新設、増設又は
改造されるものの構造を明らかにする平面図、立面図、断面図及び構造図並びに変更
される水源からの取水が確実かどうかの事情を明らかにする書類

（準用）

第五十二条　第三条、第四条、第八条の三（第一項第三号を除く。）から第十一条まで、
　第十五条から第十七条の三（第三項第一号ロを除く。）まで、第十七条の四及び第十七
　条の五（第五号を除く。）から第十七条の十二までの規定は、水道用水供給事業につい
　て準用する。この場合において、次の表の上欄に掲げる規定中同表の中欄に掲げる字句
　は、それぞれ同表の下欄に掲げる字句に読み替えるものとする。

　（表は省略）

第三章　専用水道

（確認申請書の添付書類等）

第五十三条　法第三十三条第一項に規定する厚生労働省令で定める書類及び図面は、次の
　各号に掲げるものとする。

　一　水の供給を受ける者の数を記載した書類

　二　水の供給が行われる地域を記載した書類及び図面

　三　水道施設の位置を明らかにする地図

　四　水源及び浄水場の周辺の概況を明らかにする地図

　五　主要な水道施設（次号に掲げるものを除く。）の構造を明らかにする平面図、立面図、
　　　断面図及び構造図

　六　導水管きよ、送水管並びに配水及び給水に使用する主要な導管の配置状況を明らか
　　　にする平面図及び縦断面図

（準用）

第五十四条　第三条、第十条、第十一条、第十五条から第十七条の二まで、第十七条の六
　及び第十七条の七の規定は、専用水道について準用する。この場合において、次の表の
　上欄に掲げる規定中同表の中欄に掲げる字句は、それぞれ同表の下欄に掲げる字句に読
　み替えるものとする。

　（表は省略）

第四章　簡易専用水道

（管理基準）

第五十五条　法第三十四条の二第一項に規定する厚生労働省令で定める基準は、次に掲げ
　るものとする。

　一　水槽の掃除を毎年一回以上定期に行うこと。

　二　水槽の点検等有害物、汚水等によつて水が汚染されるのを防止するために必要な措
　　　置を講ずること。

　三　給水栓における水の色、濁り、臭い、味その他の状態により供給する水に異常を認

めたときは、水質基準に関する省令の表の上欄に掲げる事項のうち必要なものについて検査を行うこと。

　四　供給する水が人の健康を害するおそれがあることを知つたときは、直ちに給水を停止し、かつ、その水を使用することが危険である旨を関係者に周知させる措置を講ずること。

（検査）

第五十六条　法第三十四条の二第二項の規定による検査は、毎年一回以上定期に行うものとする。

2　検査の方法その他必要な事項については、厚生労働大臣が定めるところによるものとする。

（登録の申請）

第五十六条の二　法第三十四条の四において読み替えて準用する法第二十条の二の登録の申請をしようとする者は、様式第十七による申請書に次の書類を添えて、厚生労働大臣に提出しなければならない。

　一　申請者が個人である場合は、その住民票の写し

　二　申請者が法人である場合は、その定款及び登記事項証明書

　三　申請者が法第三十四条の四において読み替えて準用する法第二十条の三各号の規定に該当しないことを説明した書類

　四　法第三十四条の四において読み替えて準用する法第二十条の四第一項第一号の必要な検査設備を有していることを示す書類

　五　法第三十四条の四において読み替えて準用する法第二十条の四第一項第二号の簡易専用水道の管理の検査を実施する者（以下「簡易専用水道検査員」という。）の氏名及び略歴

　六　法第三十四条の四において読み替えて準用する法第二十条の四第一項第三号イに規定する部門（以下「簡易専用水道検査部門」という。）及び同号ハに規定する専任の部門（以下「簡易専用水道検査信頼性確保部門」という。）が置かれていることを説明した書類

　七　法第三十四条の四において読み替えて準用する法第二十条の四第一項第三号ロに規定する文書として、第五十六条の四第四号に規定する標準作業書及び同条第五号イからルに掲げる文書

　八　次に掲げる事項を記載した書面

　　イ　法第三十四条の四において読み替えて準用する法第二十条の四第一項第三号イの管理者（以下「簡易専用水道検査部門管理者」という。）の氏名

　　ロ　第五十六条の四第二号に規定する簡易専用水道検査信頼性確保部門管理者の氏名

　　ハ　現に行つている事業の概要

（登録の更新）

第五十六条の三　法第三十四条の四において読み替えて準用する法第二十条の五第一項の

登録の更新を申請しようとする者は、様式第十八による申請書に前条各号に掲げる書類を添えて、厚生労働大臣に提出しなければならない。

（検査の方法）

第五十六条の四　法第三十四条の四において読み替えて準用する法第二十条の六第二項の厚生労働省令で定める方法は、次のとおりとする。

一　簡易専用水道検査部門管理者は、次に掲げる業務を行うこと。ただし、ハについては、あらかじめ簡易専用水道検査員の中から指定した者に行わせることができるものとする。

　イ　簡易専用水道検査部門の業務を統括すること。

　ロ　第二号ハの規定により報告を受けた文書に従い、当該業務について速やかに是正処置を講ずること。

　ハ　簡易専用水道の管理の検査について第四号に規定する標準作業書に基づき、適切に実施されていることを確認し、標準作業書から逸脱した方法により簡易専用水道の管理の検査が行われた場合には、その内容を評価し、必要な措置を講ずること。

　ニ　その他必要な業務

二　簡易専用水道検査信頼性確保部門につき、次に掲げる業務を自ら行い、又は業務の内容に応じてあらかじめ指定した者に行わせる者（以下「簡易専用水道検査信頼性確保部門管理者」という。）が置かれていること。

　イ　第五号ヘの文書に基づき、簡易専用水道の管理の検査の業務の管理について内部監査を定期的に行うこと。

　ロ　第五号トの文書に基づき、精度管理及び外部精度管理調査を定期的に受けるための事務を行うこと。

　ハ　イの内部監査並びにロの精度管理及び外部精度管理調査の結果（是正処置が必要な場合にあつては、当該是正処置の内容を含む。）を簡易専用水道検査部門管理者に対して文書により報告するとともに、その記録を法第三十四条の四において読み替えて準用する法第二十条の十四の帳簿に記載すること。

　ニ　その他必要な業務

三　簡易専用水道検査部門管理者及び簡易専用水道検査信頼性確保部門管理者が法第三十四条の二第二項の登録を受けた者の役員又は当該部門を管理する上で必要な権限を有する者であること。

四　次に掲げる事項を記載した標準作業書を作成すること。

　イ　簡易専用水道の管理の検査の項目ごとの検査の手順及び判定基準

　ロ　簡易専用水道の管理の検査に用いる設備の操作及び保守点検の方法

　ハ　検査中の当該施設への部外者の立入制限その他の検査に当たつての注意事項

　ニ　簡易専用水道の管理の検査の結果の処理方法

　ホ　作成及び改定年月日

五　次に掲げる文書を作成すること。

　　イ　組織内の各部門の権限、責任及び相互関係等について記載した文書

　　ロ　文書の管理について記載した文書

　　ハ　記録の管理について記載した文書

　　ニ　教育訓練について記載した文書

　　ホ　不適合業務及び是正処置等について記載した文書

　　ヘ　内部監査の方法を記載した文書

　　ト　精度管理の方法及び外部精度管理調査を定期的に受けるための計画を記載した文書

　　チ　簡易専用水道検査結果書の発行の方法を記載した文書

　　リ　依頼を受ける方法を記載した文書

　　ヌ　物品の購入の方法を記載した文書

　　ル　その他簡易専用水道の管理の検査の業務の管理及び精度の確保に関する事項を記載した文書

（変更の届出）

第五十六条の五　法第三十四条の四において読み替えて準用する法第二十条の七の規定により変更の届出をしようとする者は、様式第十九による届出書を厚生労働大臣に提出しなければならない。

（簡易専用水道検査業務規程）

第五十六条の六　法第三十四条の四において読み替えて準用する法第二十条の八第二項の厚生労働省令で定める事項は、次のとおりとする。

　一　簡易専用水道の管理の検査の業務の実施及び管理の方法に関する事項

　二　簡易専用水道の管理の検査の業務を行う時間及び休日に関する事項

　三　簡易専用水道の管理の検査の依頼を受けることができる件数の上限に関する事項

　四　簡易専用水道の管理の検査の業務を行う事業所の場所に関する事項

　五　簡易専用水道の管理の検査に関する料金及びその収納の方法に関する事項

　六　簡易専用水道検査部門管理者及び簡易専用水道検査信頼性確保部門管理者の氏名並びに簡易専用水道検査員の名簿

　七　簡易専用水道検査部門管理者及び簡易専用水道検査信頼性確保部門管理者の選任及び解任に関する事項

　八　法第三十四条の四において読み替えて準用する法第二十条の十第二項第二号及び第四号の請求に係る費用に関する事項

　九　前各号に掲げるもののほか、簡易専用水道の管理の検査の業務に関し必要な事項

２　法第三十四条の二第二項の登録を受けた者は、法第三十四条の四において読み替えて準用する法第二十条の八第一項後段の規定により簡易専用水道検査業務規程の変更の届出をしようとするときは、様式第二十による届出書を厚生労働大臣に提出しなければならない。

（準用）

第五十六条の七　第十五条の七から第十五条の九までの規定は法第三十四条の二第二項の登録を受けた者について準用する。この場合において、第十五条の七中「登録水質検査機関」とあるのは「法第三十四条の二第二項の登録を受けた者」と、「法第二十条の九の規定により水質検査の業務」とあるのは「法第三十四条の四において読み替えて準用する法第二十条の九の規定により簡易専用水道の管理の検査の業務」と、第十五条の八中「法第二十条の十第二項第三号」とあるのは「法第三十四条の四において読み替えて準用する法第二十条の十第二項第三号」と、第十五条の九中「法第二十条の十第二項第四号」とあるのは「法第三十四条の四において読み替えて準用する法第二十条の十第二項第四号」と読み替えるものとする。

（帳簿の備付け）

第五十六条の八　法第三十四条の二第二項の登録を受けた者は、書面又は電磁的記録によつて簡易専用水道の管理の検査に関する事項であつて次項に掲げるものを記載した帳簿を備え、簡易専用水道の管理の検査を実施した日から起算して五年間、これを保存しなければならない。

2　法第三十四条の四において読み替えて準用する法第二十条の十四の厚生労働省令で定める事項は次のとおりとする。

一　簡易専用水道の管理の検査を依頼した者の氏名及び住所（法人にあつては、主たる事務所の所在地及び名称並びに代表者の氏名）

二　簡易専用水道の管理の検査の依頼を受けた年月日

三　簡易専用水道の管理の検査を行つた施設の名称

四　簡易専用水道の管理の検査を行つた年月日

五　簡易専用水道の管理の検査を行つた簡易専用水道検査員の氏名

六　簡易専用水道の管理の検査の結果

七　第五十六条の四第二号ハにより帳簿に記載すべきこととされている事項

八　第五十六条の四第五号ハの文書において帳簿に記載すべきこととされている事項

九　第五十六条の四第五号ニの教育訓練に関する記録

第五章　雑則

（証明書の様式）

第五十七条　法第二十条の十五第二項（法第三十四条の四において準用する場合を含む。）の規定により当該職員の携帯する証明書は、様式第十二とする。

2　法第二十五条の二十二第二項の規定により当該職員の携帯する証明書は、様式第十二の二とする。

3　法第三十九条第四項（法第四十条第九項において準用する場合を含む。）の規定により当該職員の携帯する証明書は、様式第十二の三とする。

○水道法関連省令

水道の基盤を強化するための基本的な方針

令和元年九月三十日
厚生労働省告示第百三十五号

　水道法の一部を改正する法律（平成三十年法律第九十二号）の一部の施行に伴い、同法による改正後の水道法（昭和三十二年法律第百七十七号）第五条の二第一項の規定に基づき、水道の基盤を強化するための基本的な方針を次のように策定し、水道法の一部を改正する法律の施行の日（令和元年十月一日）から適用することとしたので、同条第三項の規定に基づき告示する。

水道の基盤を強化するための基本的な方針

　本方針は、水道法（昭和三十二年法律第百七十七号。以下「法」という。）の目的である、水道の布設及び管理を適正かつ合理的ならしめるとともに、水道の基盤を強化することによって、清浄にして豊富低廉な水の供給を図り、もって公衆衛生の向上と生活環境の改善に寄与するため、法第五条の二第一項に基づき定める水道の基盤を強化するための基本的な方針であり、今後の水道事業及び水道用水供給事業（以下「水道事業等」という。）の目指すべき方向性を示すものである。

第1　水道の基盤の強化に関する基本的事項

1　水道事業等の現状と課題

　我が国の水道は、平成二十八年度末において九十七．九％という普及率に達し、水道は、国民生活や社会経済活動の基盤として必要不可欠なものとなっている。

　一方で、高度経済成長期に整備された水道施設の老朽化が進行しているとともに、耐震性の不足等から大規模な災害の発生時に断水が長期化するリスクに直面している。また、我が国が本格的な人口減少社会を迎えることから、水需要の減少に伴う水道事業等の経営環境の悪化が避けられないと予測されている。さらに、水道事業等を担う人材の減少や高齢化が進むなど、水道事業等は深刻な課題に直面している。

　こうした状況は、水道事業が主に市町村単位で経営されている中にあって、特に小規模な水道事業者において深刻なものとなっている。

2　水道の基盤の強化に向けた基本的な考え方

　1に掲げる課題に対応し、平成二十五年三月に策定された新水道ビジョンの理念である「安全な水の供給」、「強靱な水道の実現」及び「水道の持続性の確保」を目指しつつ、法に掲げる水道施設の維持管理及び計画的な更新、水道事業等の健全な経営の確保、水道事業等の運営に必要な人材の確保及び育成等を図ることにより、水道の基盤の強化を図ることが必要である。

　その際、地域の実情に十分配慮しつつ、以下に掲げる事項に取り組んでいくことが重要である。

 （1）法第二十二条の四第二項に規定する事業に係る収支の見通しの作成及び公表を通じ、長期的な観点から水道施設の計画的な更新や耐震化等を進めるための適切な資産管理を行うこと。

 （2）水道事業等の運営に必要な人材の確保や経営面でのスケールメリットを活かし効率的な事業運営の観点から実施する、法第二条の二第二項に規定する市町村の区域を超えた広域的な水道事業間の連携等（以下「広域連携」という。）を推進すること。

 （3）民間事業者の技術力や経営に関する知識を活用できる官民連携を推進すること。

3　関係者の責務及び役割

 国は、水道事業等において持続的かつ安定的な事業運営が可能になるよう、本方針をはじめとした水道の基盤の強化に関する基本的かつ総合的な施策を策定し、及びこれを推進するとともに、水道事業者及び水道用水供給事業者（以下「水道事業者等」という。）に対する必要な技術的及び財政的な援助を行うよう努めなければならない。また、認可権者として本方針に即した取組が推進されるよう、水道事業者等に対して法に基づく指導・監督を行うよう努めなければならない。

 都道府県は、市町村の区域を越えた広域連携の推進役として水道事業者等の間の調整を行うとともに、その区域内の水道の基盤を強化するため、法第五条の三第一項に規定する水道基盤強化計画を策定し、これを実施するよう努めなければならない。また、認可権者として、本方針に即した取組が推進されるよう、水道事業者等に対して法に基づく指導・監督を行うよう努めなければならない。

 市町村は、地域の実情に応じて、その区域内における水道事業者等の間の連携等その他の水道の基盤の強化に関する施策を策定し、及びこれを実施するよう努めなければならない。

 水道事業者等は、国民生活や社会経済活動に不可欠な水道水を供給する主体として、その経営する事業を適正かつ能率的に運営するとともに、その事業の基盤の強化に努めなければならない。このため、水道施設の適切な資産管理を進め、長期的な観点から計画的な更新を行うとともに、その事業に係る収支の見通しを作成し、これを公表するなど、水道事業等の将来像を明らかにし、需要者である住民等に情報提供するよう努めなければならない。

 民間事業者は、従来から、その技術力や経営に関する知識を活かし多様な官民連携の形態を通じて、水道事業等の事業運営に大きな役割を担ってきたところであり、必要な技術者及び技能者の確保及び育成等を含めて、引き続き、水道事業者等と連携して、水道事業等の基盤強化を支援していくことが重要である。

 水道の需要者である住民等は、将来にわたり水道を持続可能なものとするためには水道施設の維持管理及び計画的な更新等に必要な相応の財源確保が必要であることを理解した上で、水道は地域における共有財産であり、その水道の経営に自らも参画しているとの認識で水道に関わることが重要である。

第2　水道施設の維持管理及び計画的な更新に関する事項

1　水道の強靱化

　　水道は、飲料水や生活に必要な水を供給するための施設であるため、災害その他の非常の場合においても、断水その他の給水への影響ができるだけ少なくなり、かつ速やかに復旧できるよう配慮されたものであることが求められる。特に主要な施設の耐震性については、レベル2地震動（当該施設の設置地点において発生するものと想定される地震動のうち、最大規模の強さを有するものをいう。）に対して、生ずる損傷が軽微であって、当該施設の機能に重大な影響を及ぼさないこととされ、当該地震動の災害時も含め法第五条の規定に基づく施設基準への適合が義務づけられている。しかしながら、大規模改造のときまでは適用しない旨の経過措置が置かれており、現状の水道施設は十分に耐震化が図られていると言える状況にはなく、大規模な地震等の際には長期の断水の被害が発生している。

　　このため、水道事業者等においては、以下に掲げる取組を行うことが重要である。

　　（1）水道施設の耐震化計画を策定し、計画的に耐震化を進め、できる限り早期に法第五条の規定に基づく施設基準への適合を図ること。

　　（2）地震以外の災害や事故時の対応も含めて、自らの職員が被災する可能性も視野に入れた事業継続計画、地域防災計画等とも連携した災害時における対策マニュアルを策定すること。また、それらの計画やマニュアルを踏まえて、自家発電設備等の資機材の整備や訓練の実施、住民等や民間事業者との連携等を含め、平時から災害に対応するための体制を整備すること。

　　（3）災害時における他の水道事業者等との相互援助体制及び水道関係団体等との連携体制を構築すること。

　　国は、引き続き、これらの水道事業者等の取組に対する必要な技術的及び財政的な援助を行うとともに、水道事業等の認可権者として、認可権者である都道府県とともに、これらの取組を水道事業者等に対して促すことが重要である。

2　安全な水道の確保

　　我が国の水道については、法第四条の規定に基づく水質基準を遵守しつつ適切な施設整備と水質管理の実施を通じた水の供給に努めてきた結果、国内外において、その安全性が高く評価されている。しかしながら、事故等による不測の水道原水の水質変化により、水質汚染が発生し、給水停止等の対応が取られる事案も存在しており、水道水の安全性を確保するための取組が重要である。

　　このため、水道事業者等においては、引き続き、法に基づく水質基準を遵守しつつ、水源から給水栓に至る各段階で危害評価と危害管理を行うための水安全計画を策定するとともに、同計画に基づく施策の推進により、安全な水道水の供給を確保することが重要である。

　　国は、引き続き、これらの水道事業者等の取組に対する必要な技術的及び財政的な援助を行うとともに、水道事業等の認可権者として、認可権者である都道府県とともに、

これらの取組を水道事業者等に対して促すことが重要である。

3　適切な資産管理

　高度経済成長期に整備された水道施設の老朽化が進行している今日、水道施設の状況を的確に把握し、漏水事故等の発生防止や長寿命化による設備投資の抑制等を図りつつ、水需要の将来予測等を含めた長期的な視点にたって、計画的に水道施設の更新を進めていくことが重要である。

　しかしながら、水道事業者等の一部には、法第二十二条の三に定める水道施設の台帳（以下「水道施設台帳」という。）を作成していない者も存在する。また、水道施設の現状を評価し、施設の重要度や健全度を考慮して具体的な更新施設や更新時期を定める、いわゆるアセットマネジメントについても、小規模な水道事業者等において十分に実施されていない状況にある。

　このため、水道事業者等においては、以下に掲げる取組を行うことが重要である。

　　(1) 水道施設台帳は、水道施設の維持管理及び計画的な更新のみならず、災害対応、広域連携や官民連携の推進等の各種取組の基礎となるものであり、適切に作成及び保存すること。また、記載された情報の更新作業を着実に行うこと。さらに、水道施設台帳の電子化等、長期的な資産管理を効率的に行うことに努めること。

　　(2) 点検等を通じて水道施設の状態を適切に把握した上で、水道施設の必要な維持及び修繕を行うこと。

　　(3) 水道施設台帳のほか、水道施設の点検を含む維持及び修繕の結果等を活用して、アセットマネジメントを実施し、中長期的な水道施設の更新に関する費用を含む事業に係る収支の見通しを作成・公表するとともに、水道施設の計画的な更新や耐震化等を進めること。

　　(4) 水需要や水道施設の更新需要等の長期的な見通しを踏まえ、地域の実情に応じ、水の供給体制を適切な規模に見直すこと。その際、中長期的な水道施設の更新計画については、水の供給の安定性の確保、災害対応能力の確保並びに費用の低減化の観点の他、都道府県や市町村のまちづくり計画等との整合性を考慮し、バランスの取れた最適なものとすること。

　国は、引き続き、これらの水道事業者等の取組に対する必要な技術的及び財政的な援助を行うとともに、水道事業等の認可権者として、認可権者である都道府県とともに、これらの取組を水道事業者等に対して促すことが重要である。

第3　水道事業等の健全な経営の確保に関する事項

　水道施設の老朽化、人口減少に伴う料金収入の減少等の課題に対し、水道事業等を将来にわたって安定的かつ持続的に運営するためには、事業の健全な経営を確保できるよう、財政的基盤の強化が必要である。

　一方で、独立採算が原則である水道事業にあって、現状においても、水道料金に係る原価に更新費用が適切に見積もられていないため水道施設の維持管理及び計画的な更新に必要な財源が十分に確保できていない場合がある。

　こうした中で、将来にわたり水道を持続可能なものとするためには、水道施設の維持管理及び計画的な更新等に必要な財源を、原則として水道料金により確保していくことが必要であることについて需要者である住民等の理解を得る必要がある。その上で、長期的な観点から、将来の更新需要を考慮した上で水道料金を設定することが不可欠である。

　このため、水道事業者等においては、以下に掲げる取組を推進することが重要である。

　　(1)　長期的な観点から、将来の更新需要等を考慮した上で水道料金を設定すること。その上で、概ね三年から五年ごとの適切な時期に水道料金の検証及び必要に応じた見直しを行うこと。

　　(2)　法第二十二条の四の規定に基づく収支の見通しの作成及び公表に当たって、需要者である住民等に対して、国民生活や社会経済活動の基盤として必要不可欠な水道事業等の将来像を明らかにし、情報提供すること。その際、広域連携等の取組が実施された場合には、その前提条件を明確化するとともに、当該前提条件、水道施設の計画的な更新及び耐震化等の進捗と、水道料金との関係性の提示に努めること。

　国は、単独で事業の基盤強化を図ることが困難な簡易水道事業者等、経営条件の厳しい水道事業者等に対して、引き続き、必要な技術的及び財政的な援助を行うとともに、水道事業等の認可権者として、認可権者である都道府県とともに、これらの取組を水道事業者等に対して促すことが重要である。

第4　水道事業等の運営に必要な人材の確保及び育成に関する事項

　水道事業等の運営に当たっては、経営に関する知識や技術力等を有する人材の確保及び育成が不可欠である。しかしながら、水道事業者等における組織人員の削減等により、事業を担う職員数は大幅に減少するとともに、職員の高齢化も進み、技術の維持及び継承並びに危機管理体制の確保が課題となっている。

　水道事業等を経営する都道府県や市町村においては、長期的な視野に立って、自ら人材の確保及び育成ができる組織となることが重要である。

　さらに、水道事業者等の自らの人材のみならず、民間事業者における人材も含めて、事業を担う人材の専門性の維持及び向上という観点も重要である。

　このため、水道事業者等においては、以下に掲げる取組を推進することが重要である。

　　(1)　水道事業等の運営に必要な人材を自ら確保すること。単独での人材の確保が難しい場合等には、他の水道事業者等との人材の共用化等を可能とする広域連携や、経営に関する知識や技術力を有する人材の確保を可能とする官民連携（官民間における人事交流を含む。）を活用すること。

　　(2)　各種研修等を通じて、水道事業等の運営に必要な人材を育成すること。その際、専門性を有する人材の育成には一定の期間が必要であることを踏まえ、適切かつ計画的な人員配置を行うこと。さらに、必要に応じて、水道関係団体や教育訓練機関において実施する水道事業者等における人材の育成に対する技術的な支援を

活用すること。

　国は、こうした水道事業等の運営に必要な人材の確保及び育成に関する取組に対して、引き続き、必要な技術的及び財政的な援助を行うことが重要である。

　都道府県は、その区域内における中核となる水道事業者等や民間事業者、水道関係団体等と連携しつつ、その区域内の水道事業者等の人材の育成に向けた取組を行うほか、必要に応じ人事交流や派遣なども活用して人材の確保に向けた取組も行うことが重要である。

第5　水道事業者等の間の連携等の推進に関する事項

　市町村経営を原則として整備されてきた我が国の水道事業は、小規模で経営基盤が脆弱なものが多い。人口減少社会の到来により水道事業等を取り巻く経営環境の悪化が予測される中で、将来にわたり水道サービスを持続可能なものとするためには、運営に必要な人材の確保や施設の効率的運用、経営面でのスケールメリットの創出等を可能とする広域連携の推進が重要である。

　広域連携の実現に当たっては、連携の対象となる水道事業者等の間の利害関係の調整に困難を伴うが、広域連携には、事業統合、経営の一体化、管理の一体化や施設の共同化、地方自治法（昭和二十二年法律第六十七号）第二百五十二条の十六の二に定める事務の代替執行等様々な形態があることを踏まえ、地域の実情に応じ、最適な形態が選択されるよう調整を進めることが重要である。

　このため、都道府県は、法第二条の二第二項に基づき、長期的かつ広域的視野に立って水道事業者等の間の調整を行う観点から、以下に掲げる取組を推進することが重要である。

　　(1) 法第五条の三第一項の規定に基づく水道基盤強化計画は、都道府県の区域全体の水道の基盤の強化を図る観点から、区域内の水道事業者等の協力を得つつ、自然的社会的諸条件の一体性等に配慮して設定した計画区域において、その計画区域全体における水道事業等の全体最適化の構想を描く観点から策定すること。なお、都道府県による広域連携の推進は、市町村間のみの協議による広域連携を排除するものではなく、また、都道府県境をまたぐ広域連携を排除するものではないこと。

　　(2) 都道府県の区域全体の水道の基盤の強化を図る観点からは、経営に関する専門知識や高い技術力等を有する区域内の水道事業者等が中核となって、他の水道事業者等に対する技術的な援助や人材の確保及び育成等の支援を行うことが重要である。そのため、当該中核となる水道事業者等の協力を得つつ、単独で事業の基盤強化を図ることが困難な経営条件が厳しい水道事業者等も含めて、その区域内の水道の基盤を強化する取組を推進すること。

　　(3) 法第五条の四第一項の規定に基づき、広域的連携等推進協議会を組織すること等により、広域連携の推進に関する必要な協議を進めること。

　市町村は、水道の基盤の強化を図る観点から、都道府県による広域連携の推進に係る

施策に協力することが重要である。

　水道事業者等は、法第五条の四第一項に規定する広域的連携等推進協議会における協議への参加も含め、水道の基盤の強化を図る観点から、都道府県による広域連携の推進に係る施策に協力するとともに、必要に応じて官民連携の取組も活用しつつ、地域の実情に応じた広域連携を推進することが重要である。

　国は、引き続き、広域連携の好事例の紹介等を通じて、そのメリットをわかりやすく説明するなど、都道府県や水道事業者等に対して広域連携を推進するための技術的な援助を行うことが重要である。その際、国は、必要に応じて、水道事業者等の行う広域連携の取組に対する財政的な援助を行うものとする。

第 6　　その他水道の基盤の強化に関する重要事項

1　官民連携の推進

　官民連携は、水道施設の適切な維持管理及び計画的な更新やサービス水準等の向上はもとより、水道事業等の運営に必要な人材の確保、ひいては官民における技術水準の向上に資するものであり、水道の基盤の強化を図る上での有効な選択肢の一つである。

　官民連携については、個別の業務を委託する形のほか、法第二十四条の三の規定に基づく水道の管理に関する技術上の業務の全部又は一部の委託（以下「第三者委託」という。）、法第二十四条の四に規定する水道施設運営等事業など、様々な形態が存在することから、官民連携の活用の目的を明確化した上で、地域の実情に応じ、適切な形態の官民連携を実施することが重要である。

　このため、水道事業者等においては、以下に掲げる取組を推進することが重要である。

　　（1）水道の基盤の強化を目的として官民連携をいかに活用していくかを明確化した上で、水道事業等の基盤強化に資するものとして、適切な形態の官民連携を実施すること。

　　（2）第三者委託及び水道施設運営等事業を実施する場合においては、法第十五条に規定する給水義務を果たす観点から、あらかじめ民間事業者との責任分担を明確化した上で、民間事業者に対する適切な監視・監督に必要な体制を整備するとともに、災害時等も想定しつつ、訓練の実施やマニュアルの整備等、具体的かつ確実な対応方策を検討した上で実施すること。

　国は、引き続き、水道事業者等が、地域の実情に応じ、適切な形態の官民連携を実施できるよう、検討に当たり必要な情報や好事例、留意すべき事項等を情報提供するなど、技術的な援助を行うことが重要である。その際、国は、必要に応じて、水道事業者等の行う官民連携の導入に向けた検討に対して財政的な援助を行うものとする。

2　水道関係者間における連携の深化

　水道による安全かつ安定的な水の供給は、水道事業者等のほか、指定給水装置工事事業者、登録水質検査機関をはじめとした多様な民間事業者等が相互に連携・協力する体制の下で初めて成立しているものであり、これらの関係者における持続的かつ効果的な連携・協力体制の確保が不可欠である。

　その中でも、水道事業者と需要者である住民等の接点となる指定給水装置工事事業者は、必要に応じ技能向上を目的とした講習会等への参加など、自らの資質向上に努めつつ、水道事業者と密接に連携して、安全かつ安定的な水道水の供給を確保する必要がある。

　また、水道において利用する水が健全に循環し、そのもたらす恩恵を将来にわたり享受できるようにするため、安全で良質な水の確保、水の効率的な利用等に係る施策について、国、都道府県、市町村、水道事業者等及び住民等の流域における様々な主体が連携して取り組むことが重要である。

3　水道事業等に関する理解向上

　水道の持続性を確保するための水道の基盤の強化の取組を進めるに当たっては、需要者である住民等に対して、水道施設の維持管理及び計画的な更新等に必要な財源を原則水道料金により確保していくことが必要であることを含め、水道事業等の収支の見通しや水質の現状等の水道サービスに関する情報を広報・周知し、その理解を得ることが重要である。

　このため、水道事業者等は、需要者である住民等がこうした水道事業等に関する情報を適時適切に得ることができるよう、そのニーズにあった積極的な情報発信を行うとともに、需要者である住民等の意見を聴きつつ、事業に反映させる体制を構築し、水道は地域における共有財産であるという意識を醸成することが重要である。

　また、国及び都道府県においても、水道事業等の現状と将来見通しに関する情報発信等を通じて、国民の水道事業等に対する理解を増進するとともに、国民の意見の把握に努めることが重要である。

4　技術開発、調査・研究の推進

　水道における技術開発は、従来から、水道事業者等、民間事業者、調査研究機関、大学等の高等教育機関が相互に協力して実施してきた。技術開発については、水道事業者等において需要者である住民等のニーズに応える観点から技術的な課題や対応策を模索する一方、民間事業者等においてはこうしたニーズを的確にとらえ、新たな技術を提案することなどにより、更に推進していくことが重要である。

　また、ICT等の先端技術を活用し、水道施設の運転、維持管理の最適化、計画的な更新や耐震化等の効果的かつ効率的な実施を可能とするための技術開発が望まれる。

　さらに、調査研究機関、大学等の高等教育機関や民間事業者等において、水道の基盤の強化に資する浄水処理、送配水及び給水装置等に係る技術的課題や水道事業の経営等水道における様々な課題に対応する調査・研究を推進することが重要である。

　水道事業者等は、こうした技術開発、事業の経営等を含めた調査・研究で得られた成果を積極的に現場で活かし、事業の運営を向上させることが重要である。

　国は、こうした水道事業者等、民間事業者、調査研究機関、大学等の高等教育機関等による技術開発及び調査・研究を推進するとともに、それらの成果を施策に反映するよう努めることが重要である。

平成9年3月19日 省令第14号
最終改正　令和2年3月25日 省令第38号

給水装置の構造及び材質の基準に関する省令

　水道法施行令（昭和32年政令第336号）第4条第2項の規定に基づき、給水装置の構造及び材質の基準に関する省令を次のように定める。

（耐圧に関する基準）

第1条　給水装置（最終の止水機構の流出側に設置されている給水用具を除く。以下この条において同じ。）は、次に掲げる耐圧のための性能を有するものでなければならない。

　一　給水装置（次号に規定する加圧装置及び当該加圧装置の下流側に設置されている給水用具並びに第3号に規定する熱交換器内における浴槽内の水等の加熱用の水路を除く。）は、厚生大臣が定める耐圧に関する試験（以下「耐圧性能試験」という。）により1.75メガパスカルの静水圧を1分間加えたとき、水漏れ、変形、破損その他の異常を生じないこと。

　二　加圧装置及び当該加圧装置の下流側に設置されている給水用具（次に掲げる要件を満たす給水用具に設置されているものに限る。）は、耐圧性能試験により当該加圧装置の最大地吐出圧力の静水圧を一分間加えたとき、水漏れ、変型、破損その他の異常を生じないこと。

　　　イ　当該加圧装置を内蔵するものであること。

　　　ロ　減圧弁が設置されているものであること。

　　　ハ　ロの減圧弁の下流側に当該加圧装置が設置されているものであること。

　　　ニ　当該加圧装置の下流側に設置されている給水用具についてロの減圧弁を通さないと水との接続がない構造のものであること。

　三　熱交換器内における浴槽内の水等の加熱用の水路（次に掲げる要件を満たすものに限る。）については、接合箇所（溶接によるものを除く。）を有せず、耐圧性能試験により1.75メガパスカルの静水圧を1分間加えたとき、水漏れ、変形、破損その他の異常を生じないこと。

　　　イ　当該熱交換器が給湯及び浴槽内の水等の加熱に兼用する構造のものであること。

　　　ロ　当該熱交換器が構造として給湯用の水路と浴槽内の水等の加熱用の水路が接触するものであること。

　四　パッキンを水圧で圧縮することにより水密性を確保する構造の給水用具は、前1号に掲げる性能を有するとともに、耐圧性能試験により20キロパスカルの静水圧を1分間加えたとき、水漏れ、変形、破損その他の異常を生じないこと。

2　給水装置の接合箇所は、水圧に対する充分な耐力を確保するためにその構造及び材質に応じた適切な接合が行われているものでなければならない。

3　家屋の主配管は、配管の経路について構造物の下の通過を避けること等により漏水時の修理を容易に行うことができるようにしなければならない。

（浸出等に関する基準）

第2条　飲用に供する水を供給する給水装置は、厚生大臣が定める浸出に関する試験（以下「浸出性能試験」という。）により供試品（浸出性能試験に供される器具、その部品、又はその材料（金属以外のものに限る。）をいう。）について浸出させたとき、その浸出液は、別表第1の上欄に掲げる事項につき、水栓その他給水装置の末端に設置されている給水用具にあっては同表の中欄に掲げる基準に適合し、それ以外の給水装置にあっては同表の下欄に掲げる基準に適合しなければならない。

2　給水装置は、末端部が行き止まりになっていること等により水が停滞する構造にあってはならない。ただし、当該末端部に排水機構が設置されているものにあっては、この限りでない。

3　給水装置は、シアン、六価クロムその他水を汚染するおそれのある物を貯留し、又は取り扱う施設に近接して設置されていてはならない。

4　鉱油類、有機溶剤その他の油類が浸透するおそれのある場所に設置されている給水装置は、当該油類が浸透するおそれのない材質のもの又はさや管等により適切な防護のための措置が講じられているものでなければならない。

（水撃限界に関する基準）

第3条　水栓その他水撃作用（止水機構を急に閉止した際に管路内に生じる圧力の急激な変動作用をいう。）を生じるおそれのある給水用具は、厚生大臣が定める水撃限界に関する試験により当該給水用具内の流速を2メートル毎秒又は当該給水用具内の動水圧を0.15メガパスカルとする条件において給水用具の止水機構の急閉止（閉止する動作が自動的に行われる給水用具にあっては、自動閉止）をしたとき、その水撃作用により上昇する圧力が1.5メガパスカル以下である性能を有するものでなければならない。ただし、当該給水用具の上流側に近接してエアチャンバーその他の水撃防止器具を設置すること等により適切な水撃防止のための措置が講じられているものにあっては、この限りでない。

（防食に関する基準）

第4条　酸又はアルカリによって侵食されるおそれのある場所に設置されている給水装置は、酸又はアルカリに対する耐食性を有する材質のもの又は防食材で被覆すること等により適切な侵食の防止のための措置が講じられているものでなければならない。

2　漏えい電流により侵食されるおそれのある場所に設置されている給水装置は、非金属製の材質のもの又は絶縁材で被覆すること等により適切な電気防食のための措置が講じられているものでなければならない。

（逆流防止に関する基準）

第5条　水が逆流するおそれのある場所に設置されている給水装置は、次の各号のいずれかに該当しなければならない。

一　次に掲げる逆流を防止するための性能を有する給水用具が、水の逆流を防止することができる適切な位置

（ニに掲げるものにあっては、水受け容器の越流面の上方150ミリメートル以上の位置）に設置されていること。

ロ　減圧式逆流防止器は、厚生大臣が定める逆流防止に関する試験（以下「逆流防止性能試験」という。）により３キロパスカル及び1.5メガパスカルの静水圧を１分間加えたとき、水漏れ、変形、破損その他の異常を生じないとともに、厚生大臣が定める負圧破壊に関する試験（以下「負圧破壊性能試験」という。）により流入側からマイナス54キロパスカルの圧力を加えたとき、減圧式逆流防止器に接続した透明管内の水位の上昇が３ミリメートルを超えないこと。

ロ　逆止弁（減圧式逆流防止器を除く。）及び逆流防止装置を内部に備えた給水用具（ハにおいて「逆流防止給水用具」という。）は、逆流防止性能試験により３キロパスカル及び1.5メガパスカルの静水圧を１分間加えたとき、水漏れ、変形、破損その他の異常を生じないこと。

ハ　逆流防止給水用具のうち次の表の第一欄に掲げるものに対するロの規定の適用については、同欄に掲げる逆流防止給水用具の区分に応じ、同表の第二欄に掲げる字句は、それぞれ同表の第三欄に掲げる字句とする。

逆流防止給水用具の区分	読み替えられる字句	読み替える字句
1　減圧弁	1.5メガパスカル	当該減圧弁の設定圧力
2　当該逆流防止装置の流出側に止水機構が設けられておらず、かつ、大気に開口されている逆流防止給水用具（３及び４に規定するものを除く。）	３キロパスカル及び1.5メガパスカル	３キロパスカル
3　浴槽に直結し、かつ、自動給湯する給湯機及び給湯付きふろがま（４に規定するものを除く。）	1.5メガパスカル	50キロパスカル
4　浴槽に直結し、かつ、自動給湯する給湯機及び給湯付きふろがまであって逆流防止装置の流出側に循環ポンプを有するもの	1.5メガパスカル	当該循環ポンプの最大吐出圧力又は50キロパスカルのいずれかの高い圧力

ニ　バキュームブレーカは、負圧破壊性能試験により流入側からマイナス54キロパスカルの圧力を加えたとき、バキュームブレーカに接続した透明管内の水位の上昇が75ミリメートルを超えないこと。

ホ　負圧破壊装置を内部に備えた給水用具は、負圧破壊性能試験により流入側からマイナス54キロパスカルの圧力を加えたとき、当該給水用具に接続した透明管内の水位の上昇が、バキュームブレーカを内部に備えた給水用具にあっては逆流防止機能が働く位置から水受け部の水面までの垂直距離の２分の１、バキュームブレーカ以外の負圧破壊装置を内部に備えた給水用具にあっては吸気口に接続している管と流入管の接続部分の最下端又は吸気口の最下端のうちいずれか低い点から水面までの垂直距離の２分の１を超えないこと。

ヘ　水受け部と吐水口が一体の構造であり、かつ、水受け部の越流面と吐水口の間が分離されていることにより水の逆流を防止する構造の給水用具は、負圧破壊性能試験により流入側からマイナス54キロパスカルの圧力を加えたとき、吐水口から水を引き込まないこと。

二　吐水口を有する給水装置が、次に掲げる基準に適合すること。

イ　呼び径が25ミリメートル以下のものにあっては、別表第2の上欄に掲げる呼び径の区分に応じ、同表中欄に掲げる近接壁から吐水口の中心までの水平距離及び同表下欄に掲げる越流面から吐水口の最下端までの垂直距離が確保されていること。

ロ　呼び径が25ミリメートルを超えるものにあっては、別表第3の上欄に掲げる区分に応じ、同表下欄に掲げる越流面から吐水口の最下端までの垂直距離が確保されていること。

2　事業活動に伴い、水を汚染するおそれのある場所に給水する給水装置は、前項第2号に規定する垂直距離及び水平距離を確保し、当該場所の水管その他の設備と当該給水装置を分離すること等により、適切な逆流の防止のための措置が講じられているものでなければならない。

（耐寒に関する基準）

第6条　屋外で気温が著しく低下しやすい場所その他凍結のおそれのある場所に設置されている給水装置のうち減圧弁、逃し弁、逆止弁、空気弁及び電磁弁（給水用具の内部に備え付けられているものを除く。以下「弁類」という。）にあっては、厚生大臣が定める耐久に関する試験（以下「耐久性能試験」という。）により10万回の開閉操作を繰り返し、かつ、厚生大臣が定める耐寒に関する試験（以下「耐寒性能試験」という。）により零下20度プラスマイナス2度の温度で1時間保持した後通水したとき、それ以外の給水装置にあっては、耐寒性能試験により零下20度プラスマイナス2度の温度で1時間保持した後通水したとき、当該給水装置に係る第1条第1項に規定する性能、第3条に規定する性能及び前条第1項第1号に規定する性能を有するものでなければならない。ただし、断熱材で被覆すること等により適切な凍結の防止のための措置が講じられているものにあっては、この限りでない。

（耐久に関する基準）

第7条　弁類（前条本文に規定するものを除く。）は、耐久性能試験により10万回の開閉操作を繰り返した後、当該給水装置に係る第1条第1項に規定する性能、第3条に規定する性能及び第5条第1項第1号に規定する性能を有するものでなければならない。

平成12年2月23日　省令第15号
最終改正　令和2年3月25日　省令第38号

水道施設の技術的基準を定める省令

水道法（昭和三十二年法律第百七十七号）第五条第四項の規定に基づき、水道施設の技

術的基準を定める省令を次のように定める。

（一般事項）

第1条　水道施設は、次に掲げる要件を備えるものでなければならない。

一　水道法（昭和32年法律第177号）第4条の規定による水質基準（以下「水道基準」という。）に適合する必要量の浄水を所要の水圧で連続して供給することができること。

二　需要の変動に応じて、浄水を安定的かつ効率的に供給することができること。

三　給水の確実性を向上させるために、必要に応じて、次に掲げる措置が講じられていること。

　イ　予備の施設又は設備が設けられていること。

　ロ　取水施設、貯水施設、導水施設、浄水施設、送水施設及び配水施設が分散して配置されていること。

　ハ　水道施設自体又は当該施設が属する系統としての多重性を有していること。

四　災害その他非常の場合に断水その他の給水への影響ができるだけ少なくなるように配慮されたものであるとともに、速やかに復旧できるように配慮されたものであること。

五　環境の保全に配慮されたものであること。

六　地形、地質その他の自然的条件を勘案して、自重、積載荷重、水圧、土圧、揚圧力、浮力、地震力、積雪荷重、氷圧、温度荷重等の予想される荷重に対して安全な構造であること。

七　施設の重要度に応じて、地震力に対して次に掲げる要件を備えるものであるとともに、地震により生ずる液状化、側方流動等によって生ずる影響に配慮されたものであること。

　イ　次に掲げる施設については、レベル一地震動（当該施設の設置地点において発生するものと想定される地震動のうち、当該施設の供用期間中に発生する可能性の高いものをいう。以下同じ。）に対して、当該施設の健全な機能を損なわず、かつ、レベル二地震動（当該施設の設置地点において発生するものと想定される地震動のうち、最大規模の強さを有するものをいう。）に対して、生ずる損傷が軽微であって、当該施設の機能に重大な影響を及ぼさないこと。

　　（1）取水施設、貯水施設、導水施設、浄水施設及び送水施設

　　（2）配水施設のうち、破損した場合に重大な二次被害を生ずるおそれが高いもの

　　（3）配水施設のうち、（2）の施設以外の施設であって、次に掲げるもの

　　（ⅰ）配水本管（配水管のうち、給水管の分岐のないものをいう。以下同じ。）

　　（ⅱ）配水本管に接続するポンプ場

　　（ⅲ）配水本管に接続する配水池等（配水池及び配水のために容量を調節する設備をいう。以下同じ。）

　　（ⅳ）配水本管に有しない水道における最大容量を有する配水池等

　ロ　イに掲げる施設以外の施設は、レベル一地震動に対して、生ずる損傷が軽微であっ

187

　　て、当該施設の機能に重大な影響を及ぼさないこと。

八　漏水のおそれがないように必要な水密性を有する構造であること。

九　維持管理を確実かつ容易に行うことができるように配慮された構造であること。

十　水の汚染のおそれがないように、必要に応じて、暗渠とし、又はさくの設置その他の必要な措置が講じられていること。

十一　規模及び特性に応じて、流量、水圧、水位、水質その他の運転状態を監視し、制御するために必要な設備が設けられていること。

十二　災害その他非常の場合における被害の拡大を防止するために、必要に応じて、遮断弁その他の必要な設備が設けられていること。

十三　海水又はかん水（以下「海水等」という。）を原水とする場合にあっては、ほう素の量が１ℓにつき1.0mg以下である浄水を供給することができること。

十四　浄水又は浄水処理過程における水に凝集剤、凝集補助剤、水素イオン濃度調整剤、粉末活性炭その他の薬品又は消毒剤（以下「薬品等」という。）を注入する場合にあっては、当該薬品等の特性に応じて、必要量の薬品等を注入することができる設備（以下「薬品等注入設備」という。）が設けられているとともに、当該設備の材質が、当該薬品等の使用条件に応じた必要な耐食性を有すること。

十五　薬品等注入設備を設ける場合にあっては、予備設備が設けられていること。ただし、薬品等注入設備が停止しても給水に支障がない場合は、この限りでない。

十六　浄水又は浄水処理過程における水に注入される薬品等により水に付加される物質は、別表第１の上欄に掲げる事項につき、同表の下欄に掲げる基準に適合すること。

十七　資材又は設備（以下「資機材等」という。）の材質は、次の要件を備えること。

　イ　使用される場所の状況に応じた必要な強度、耐久性、耐磨耗性、耐食性及び水密性を有すること。

　ロ　水の汚染のおそれがないこと。

　ハ　浄水又は浄水処理過程における水に接する資機材等（ポンプ、消火栓その他の水と接触する面積が著しく小さいものを除く。）の材質は、厚生大臣が定める資機材等の材質に関する試験により供試品について浸出させたとき、その浸出液は、別表第２の上欄に掲げる事項につき、同表の下欄に掲げる基準に適合すること。

（取水施設）

第２条　取水施設は、次に掲げる要件を備えるものでなければならない。

一　原水の水質の状況に応じて、できるだけ良質の原水を取り入れることができるように配慮した位置及び種類であること。

二　災害その他非常の場合又は施設の点検を行う場合に取水を停止することができる設備が設けられていること。

三　前二号に掲げるもののほか、できるだけ良質な原水を必要量取り入れることができるものであること。

2　地表水の取水施設にあっては、次に掲げる要件を備えるものでなければならない。

　一　洪水、洗掘、流木、流砂等のため、取水が困難となるおそれが少なく、地形及び地質の状況を勘案し、取水に支障を及ぼすおそれがないように配慮した位置及び種類であること。

　二　堰（せき）、水門等を設ける場合にあっては、当該堰、水門等が、洪水による流水の作用に対して安全な構造であること。

　三　必要に応じて、取水部にスクリーンが設けられていること。

　四　必要に応じて、原水中の砂を除去するために必要な設備が設けられていること。

3　地下水の取水施設にあっては、次に掲げる要件を備えるものでなければならない。

　一　水質の汚染及び塩水化のおそれが少ない位置及び種類であること。

　二　集水埋渠（きょ）は、閉塞（そく）のおそれが少ない構造であること。

　三　集水埋渠（きょ）の位置を定めるに当たっては、集水埋渠（きょ）の周辺に帯水層があることが確認されていること。

　四　露出又は流出のおそれがないように河床の表面から集水埋渠（きょ）までの深さが確保されていること。

　五　1日最大取水量を常時取り入れるのに必要な能力を有すること。

4　前項第5号の能力は、揚水量が、集水埋渠（きょ）によって取水する場合にあっては透水試験の結果を、井戸によって取水する場合にあっては揚水試験の結果を基礎として設定されたものでなければならない。

（貯水施設）

第3条　貯水施設は、次に掲げる要件を備えるものでなければならない。

　一　貯水容量並びに設置場所の地形及び地質に応じて、安全性及び経済性に配慮した位置及び種類であること。

　二　地震及び強風による波浪に対して安全な構造であること。

　三　洪水に対処するために洪水吐きその他の必要な設備が設けられていること。

　四　水質の悪化を防止するために、必要に応じて、ばっ気設備の設置その他の必要な措置が講じられていること。

　五　漏水を防止するために必要な措置が講じられていること。

　六　放流水が貯水施設及びその付近に悪影響を及ぼすおそれがないように配慮されたものであること。

　七　前各号に掲げるもののほか、渇水時においても必要量の原水を供給するのに必要な貯水能力を有するものであること。

2　前項第1号の貯水容量は、降水量、河川流量、需要量等を基礎として設定されたものでなければならない。

3　ダムにあっては、次に掲げる要件を備えるものでなければならない。

　一　コンクリートダムの堤体は、予想される荷重によって滑動し、又は転倒しない構造であること。

　二　フィルダムの堤体は、予想される荷重によって滑り破壊又は浸透破壊が生じない構

造であること。

三　ダムの基礎地盤（堤体との接触部を含む。以下同じ。）は、必要な水密性を有し、かつ、予想される荷重によって滑動し、滑り破壊又は転倒破壊が生じないものであること。

4　ダムの堤体及び基礎地盤に作用する荷重としては、ダムの種類及び貯水池の水位に応じて、別表第3に掲げるものを採用するものとする。

（導水施設）

第4条　導水施設は、次に掲げる要件を備えるものでなければならない。

一　導水施設の上下流にある水道施設の標高、導水量、地形、地質等に応じて、安定性及び経済性に配慮した位置及び方法であること。

二　水質の安定した原水を安定的に必要量送ることができるように、必要に応じて、原水調整池が設けられていること。

三　地形及び地勢に応じて、余水吐き、接合井、排水設備、制水弁、制水扉、空気弁又は伸縮継手が設けられていること。

四　ポンプを設ける場合にあっては、必要に応じて、水撃作用の軽減を図るために必要な措置が講じられていること。

五　ポンプは、次に掲げる要件を備えること。

　イ　必要量の原水を安定的かつ効率的に送ることができる容量、台数及び形式であること。

　ロ　予備設備が設けられていること。ただし、ポンプが停止しても給水に支障がない場合は、この限りでない。

六　前各号に掲げるもののほか、必要量の原水を送るのに必要な設備を有すること。

（浄水施設）

第5条　浄水施設は、次に掲げる要件を備えるものでなければならない。

一　地表水又は地下水を原水とする場合にあっては、水道施設の規模、原水の水質及びその変動の程度等に応じて、消毒処理、緩速濾過、急速濾過、膜濾過、粉末活性炭処理、粒状活性炭処理、オゾン処理、生物処理その他の方法により、所要の水質が得られるものであること。

二　海水等を原水とする場合にあっては、次に掲げる要件を備えること。

　イ　海水等を淡水化する場合に生じる濃縮水の放流による環境の保全上の支障が生じないように必要な措置が講じられていること。

　ロ　逆浸透法又は電気透析法を用いる場合にあっては、所要の水質を得るための前処理のための設備が設けられていること。

三　各浄水処理の工程がそれぞれの機能を十分発揮させることができ、かつ、布設及び維持管理を効率的に行うことができるように配置されていること。

四　濁度、水素イオン濃度指数その他の水質、水位及び水量の測定のための設備が設けられていること。

五　消毒設備は、次に掲げる要件を備えること。
　イ　消毒の効果を得るために必要な時間、水が消毒剤に接触する構造であること。
　ロ　消毒剤の供給量を調節するための設備が設けられていること。
　ハ　消毒剤の注入設備には、予備設備が設けられていること。
　ニ　消毒剤を常時安定して供給するために必要な措置が講じられていること。
　ホ　液化塩素を使用する場合にあっては、液化塩素が漏出したときに当該液化塩素を中和するために必要な措置が講じられていること。
六　施設の改造若しくは更新又は点検により給水に支障が生じるおそれがある場合にあっては、必要な予備の施設又は設備が設けられていること。
七　送水量の変動に応じて、浄水を安定的かつ効率的に送ることができるように、必要に応じて、浄水を貯留する設備が設けられていること。
八　原水に耐塩素性病原生物が混入するおそれがある場合にあっては、次に掲げるいずれかの要件が備えられていること。
　イ　濾過等の設備であって、耐塩素性病原生物を除去することができるものが設けられていること。
　ロ　地表水を原水とする場合にあっては、濾過等の設備に加え、濾過等の設備の後に、原水中の耐塩素性病原生物を不活化することができる紫外線処理設備が設けられていること。ただし、当該紫外線処理設備における紫外線が照射される水の濁度、色度その他の水質が紫外線処理に支障がないものである場合に限る。
　ハ　地表水以外を原水とする場合にあっては、原水中の耐塩素性病原生物を不活化することができる紫外線処理設備が設けられていること。ただし、当該紫外線処理設備における紫外線が照射される水の濁度、色度その他の水質が紫外線処理に支障がないものである場合に限る。
九　濾過池又は濾過膜（以下「濾過設備」という。）を設ける場合にあっては、予備設備が設けられていること。
　ただし、濾過設備が停止しても給水に支障がない場合は、この限りでない。
十　濾過設備の洗浄排水、沈殿池等からの排水その他の浄水処理過程で生じる排水（以下「浄水処理排水」という。）を公共用水域に放流する場合にあっては、その排水による生活環境保全上の支障が生じないように必要な設備が設けられていること。
十一　濾過池を設ける場合にあっては、水の汚染のおそれがないように、必要に応じて、覆いの設置その他の必要な措置が講じられていること。
十二　浄水処理排水を原水として用いる場合にあっては、浄水又は浄水処理の工程に支障が生じないように必要な措置が講じられていること。
十三　浄水処理をした水の水質により、水道施設が著しく腐食することのないように配慮されたものであること。
十四　前各号に掲げるもののほか、水質基準に適合する必要量の浄水を得るのに必要な設備を備えていること。

2　緩速濾過を用いる浄水施設は、次に掲げる要件を備えるものでなければならない。

　一　濾過池は、浮遊物質を有効に除去することができる構造であること。

　二　濾過砂は、原水中の浮遊物質を有効に除去することができる粒径分布を有すること。

　三　原水の水質に応じて、所要の水質の水を得るために必要な時間、水が濾過砂に接触する構造であること。

　四　濾過池に加えて、原水の水質に応じて、沈殿池その他の設備が設けられていること。

　五　沈殿池を設ける場合にあっては、浮遊物質を有効に沈殿させることができ、かつ、沈殿物を容易に排出することができる構造であること。

3　急速濾過を用いる浄水施設は、次に掲げる要件を備えるものでなければならない。

　一　薬品注入設備、凝集池、沈殿池及び濾過池に加えて、原水の水質に応じて、所要の水質の水を得るのに必要な設備が設けられていること。

　二　凝集池は、凝集剤を原水に適切に混和させることにより良好なフロックが形成される構造であること。

　三　沈殿池は、浮遊物質を有効に沈殿させることができ、かつ、沈殿物を容易に排出することができる構造であること。

　四　濾過池は、浮遊物質を有効に除去することができる構造であること。

　五　濾材の洗浄により、濾材に付着した浮遊物質を有効に除去することができ、かつ、除去された浮遊物質を排出することができる構造であること。

　六　濾材は、原水中の浮遊物質を有効に除去することができる粒径分布を有すること。

　七　濾過速度は、凝集及び沈殿処理をした水の水質、使用する濾材及び濾層の厚さに応じて、所要の水質の濾過水が安定して得られるように設定されていること。

4　膜濾過を用いる浄水施設は、次に掲げる要件を備えるものでなければならない。

　一　膜濾過設備は、膜の表面全体で安定して濾過を行うことができる構造であること。

　二　膜モジュールの洗浄により、膜モジュールに付着した浮遊物質を有効に除去することができ、かつ、洗浄排水を排出することができる構造であること。

　三　膜の両面における水圧の差、膜濾過水量及び膜濾過水の濁度を監視し、かつ、これらに異常な事態が生じた場合に関係する浄水施設の運転を速やかに停止することができる設備が設けられていること。

　四　膜モジュールは、容易に破損し、又は変形しないものであり、かつ、必要な通水性及び耐圧性を有すること。

　五　膜モジュールは、原水中の浮遊物質を有効に除去することができる構造であること。

　六　濾過速度は、原水の水質及び最低水温、膜の種類、前処理等の諸条件に応じて、所要の水質の濾過水が安定して得られるように設定されていること。

　七　膜濾過設備に加えて、原水の水質に応じて、前処理のための設備その他の必要な設備が設けられていること。

　八　前処理のための設備は、膜モジュールの構造、材質及び性能に応じて、所要の水質の水が得られる構造であること。

5　粉末活性炭処理を用いる浄水施設は、次に掲げる要件を備えるものでなければならない。

　一　粉末活性炭の注入設備は、適切な効果を得るために必要な時間、水が粉末活性炭に接触する位置に設けられていること。

　二　粉末活性炭は、所要の水質の水を得るために必要な性状を有するものであること。

　三　粉末活性炭処理の後に、粉末活性炭が浄水に漏出するのを防止するために必要な措置が講じられていること。

6　粒状活性炭処理を用いる浄水施設は、次に掲げる要件を備えるものでなければならない。

　一　原水の水質に応じて、所要の水質の水を得るために必要な時間、水が粒状活性炭に接触する構造であること。

　二　粒状活性炭の洗浄により、粒状活性炭に付着した浮遊物質を有効に除去することができ、かつ、除去された浮遊物質を排出することができる構造であること。

　三　粒状活性炭は、所要の水質の水を得るために必要な性状を有するものであること。

　四　粒状活性炭及びその微粒並びに粒状活性炭層内の微生物が浄水に漏出するのを防止するために必要な措置が講じられていること。

　五　粒状活性炭層内の微生物により浄水処理を行う場合にあっては、粒状活性炭層内で当該微生物の特性に応じた適切な生息環境を保持するために必要な措置が講じられていること。

7　オゾン処理を用いる浄水施設は、次に掲げる要件を備えるものでなければならない。

　一　オゾン接触槽は、オゾンと水とが効率的に混和される構造であること。

　二　オゾン接触槽は、所要の水質の水を得るために必要な時間、水がオゾンに接触する構造であること。

　三　オゾン処理設備の後に、粒状活性炭処理設備が設けられていること。

　四　オゾンの漏えいを検知し、又は防止するために必要な措置が講じられていること。

8　生物処理を用いる浄水施設は、次に掲げる要件を備えるものでなければならない。

　一　接触槽は、生物処理が安定して行われるために必要な時間、水が微生物と接触する構造であるとともに、当該微生物の特性に応じた適切な生息環境を保持するために必要な措置が講じられていること。

　二　接触槽の後に、接触槽内の微生物が浄水に漏出するのを防止するために必要な措置が講じられていること。

9　紫外線処理を用いる浄水施設は、次に掲げる要件を備えるものでなければならない。

　一　紫外線照射槽は、紫外線処理の効果を得るために必要な時間、水が紫外線に照射される構造であること。

　二　紫外線照射施設は、紫外線照射槽内の紫外線強度の分布が所要の効果を得るものとなるように紫外線を照射する構造であるとともに、当該紫外線を常時安定して照射するために必要な措置が講じられていること。

三　水に照射される紫外線の強度の監視のための設備が設けられていること。

四　紫外線が照射される水の濁度及び水量の監視のための設備が設けられていること。ただし、地表水以外を原水とする場合にあっては、水の濁度の監視のための設備については、当該水の濁度が紫外線処理に支障を及ぼさないことが明らかである場合は、この限りではない。

五　紫外線照射槽内に紫外線ランプを設ける場合にあっては、紫外線ランプの破損を防止する措置が講じられ、かつ、紫外線ランプの状態の監視のための設備が設けられていること。

（送水施設）

第6条　送水施設は、次に掲げる要件を備えるものでなければならない。

一　送水施設の上下流にある水道施設の標高、送水量、地形、地質等に応じて、安定性及び経済性に配慮した位置及び方法であること。

二　地形及び地勢に応じて、接合井、排水設備、制水弁、空気弁又は伸縮継手が設けられていること。

三　送水管内で負圧が生じないために必要な措置が講じられていること。

四　ポンプを設ける場合にあっては、必要に応じて、水撃作用の軽減を図るために必要な措置が講じられていること。

五　ポンプは、次に掲げる要件を備えること。

　　イ　必要量の浄水を安定的かつ効率的に送ることができる容量、台数及び形式であること。

　　ロ　予備設備が設けられていること。ただし、ポンプが停止しても給水に支障がない場合は、この限りでない。

六　前各号に掲げるもののほか、必要量の浄水を送るのに必要な設備を有すること。

（配水施設）

第7条　配水施設は、次に掲げる要件を備えるものでなければならない。

一　配水区域は、地形、地勢その他の自然的条件及び土地利用その他の社会的条件を考慮して、合理的かつ経済的な施設の維持管理ができるように、必要に応じて、適正な区域に分割されていること。

二　配水区域の地形、地勢その他の自然的条件に応じて、効率的に配水施設が設けられていること。

三　配水施設の上流にある水道施設と配水区域の標高、配水量、地形等が考慮された配水方法であること。

四　需要の変動に応じて、常時浄水を供給することができるように、必要に応じて、配水区域ごとに配水池等が設けられ、かつ、適正な管径を有する配水管が布設されていること。

五　地形、地勢及び給水条件に応じて、排水設備、制水弁、減圧弁、空気弁又は伸縮継手が設けられていること。

六　配水施設内の浄水を採水するために必要な措置が講じられていること。

七　災害その他非常の場合に断水その他の給水への影響ができるだけ少なくなるように必要な措置が講じられていること。

八　配水管から給水管に分岐する箇所での配水管の最小動水圧が150キロパスカルを下らないこと。ただし、給水に支障がない場合は、この限りでない。

九　消火栓の使用時においては、前号にかかわらず、配水管内が正圧に保たれていること。

十　配水管から給水管に分岐する箇所での配水管の最大静水圧が740キロパスカルを超えないこと。ただし、給水に支障がない場合は、この限りでない。

十一　配水池等は、次に掲げる要件を備えること。

　イ　配水池等は、配水区域の近くに設けられ、かつ、地形及び地質に応じた安全性に考慮した位置に設けられていること。

　ロ　需要の変動を調整することができる容量を有し、必要に応じて、災害その他非常の場合の給水の安定性等を勘案した容量であること。

十二　配水管は、次に掲げる要件を備えること。

　イ　管内で負圧が生じないようにするために必要な措置が講じられていること。

　ロ　配水管を埋設する場合にあっては、埋設場所の諸条件に応じて、適切な管の種類及び伸縮継手が使用されていること。

　ハ　必要に応じて、腐食の防止のために必要な措置が講じられていること。

十三　ポンプを設ける場合にあっては、必要に応じて、水撃作用の軽減を図るために必要な措置が講じられていること。

十四　ポンプは、次に掲げる要件を備えること。

　イ　需要の変動及び使用条件に応じて、必要量の浄水を安定的に供給することができる容量、台数及び形式であること。

　ロ　予備設備が設けられていること。ただし、ポンプが停止しても給水に支障がない場合は、この限りでない。

十五　前各号に掲げるもののほか、必要量の浄水を一定以上の圧力で連続して供給するのに必要な設備を有すること。

（位置及び配列）

第8条　水道施設の位置及び配列を定めるに当たっては、維持管理の確実性及び容易性、増設、改造及び更新の容易性並びに所要の水質の原水の確保の安定性を考慮しなければならない。

現行水質基準とその経緯

	項目	基準	設定の観点	備考	基準値の経緯 *) **)
1	一般細菌	1ml検水で形成される集落数が100以下	健康（衛生）		制定当初（昭和33年（1958））　大腸菌群：検出されないこと。 平成15年（2003）に現行基準に変更。
2	大腸菌	検出されないこと	健康（衛生）		昭和53年（1978）0.01mg/L以下であること。 平成22年（2010）より現行基準。
3	カドミウム及びその化合物	カドミウムの量に関して、0.003mg/L以下	健康		制定当初（昭和33年（1958））　水銀：検出してはならない。 平成4年（1992）より定量限界としての現行基準値。
4	水銀及びその化合物	水銀の量に関して、0.0005mg/L以下	健康		平成4年（1992）に追加。
5	セレン及びその化合物	セレンの量に関して、0.01mg/L以下	健康		制定当初（昭和33年（1958））　鉛：0.1mg/L 平成4年（1992）：鉛及びその化合物：0.05mg/L。 平成15年（2003）より現行基準値。
6	鉛及びその化合物	鉛の量に関して、0.01mg/L以下	健康		制定当初（昭和33年（1958））　砒素：0.05ppmをこえてはならない。 平成4年（1992）より現行基準。
7	ヒ素及びその化合物	ヒ素の量に関して、0.01mg/L以下	健康		制定当初（昭和33年（1958））　クロム：0.05ppmをこえてはならない。 昭和41年（1966）六価クロム0.05ppm以下であることに変更。 令和2年（2020）より現行基準値。
8	六価クロム化合物	六価クロムの量に関して、0.02mg/L以下	健康		制定当初（昭和33年（1958））　アンモニア性窒素及び亜硝酸性窒素：同 時に検出してはならない。 平成26年（2014）より現行基準。
9	亜硝酸態窒素	0.04mg/L以下	健康		制定当初（昭和33年（1958））　シアン：検出してはならない。 平成4年（1992）より定量限界としての現行基準。
10	シアン化物イオン及び塩化シアン	シアンの量に関して、0.01mg/L以下	健康		制定当初（昭和33年（1958））　硝酸性窒素：10ppmをこえてはならない。 昭和53年（1978）より現行基準。
11	硝酸態窒素及び亜硝酸態窒素	10mg/L以下	健康		平成15年（2003）に追加。
12	フッ素及びその化合物	フッ素の量に関して、0.8mg/L以下	健康		平成4年（1992）に追加。
13	ホウ素及びその化合物	ホウ素の量に関して、1.0mg/L以下	健康		平成15年（2003）に追加。
14	四塩化炭素	0.002mg/L以下	健康		平成4年（1992）に追加。
15	1,4-ジオキサン	0.05mg/L以下	健康		平成4年（1992）にシス1,2ジクロロエチレン：0.04mg/L以下として追加。 平成21年（2009）より現行基準。
16	シス1,2ジクロロエチレン及び トランス1,2ジクロロエチレン	0.04mg/L以下	健康		平成4年（1992）に追加。
17	ジクロロメタン	0.02mg/L以下	健康		平成4年（1992）に追加。
18	テトラクロロエチレン	0.01mg/L以下	健康		平成4年（1992）に0.03mg/Lで追加。平成23年（2011）より現行基準値。
19	トリクロロエチレン	0.01mg/L以下	健康		平成4年（1992）に追加。
20	ベンゼン	0.01mg/L以下	健康		平成20年（2008）に追加。
21	塩素酸	0.6mg/L以下	健康	消毒副生成物	平成15年（2003）に追加。
22	クロロ酢酸	0.02mg/L以下	健康	消毒副生成物	平成15年（2003）に追加。
23	クロロホルム	0.06mg/L以下	健康	消毒副生成物	

	項目	基準	設定の観点	備考	基準値の経緯*）**
24	ジクロロ酢酸	0.03mg/L以下	健康	消毒副生成物	平成15年（2003）に0.04mg/Lで追加。平成27年（2015）より現行基準値。
25	ジブロモクロロメタン	0.1mg/L以下	健康	消毒副生成物	平成15年（2003）に追加。
26	臭素酸	0.01mg/L以下	健康	消毒副生成物	平成15年（2003）に追加。
27	総トリハロメタン	0.1mg/L以下	健康	消毒副生成物	平成4年（1992）に追加。
28	トリクロロ酢酸	0.03mg/L以下	健康	消毒副生成物	平成15年（2003）に0.2mg/Lで追加。平成27年（2015）より現行基準値。
29	ブロモジクロロメタン	0.03mg/L以下	健康	消毒副生成物	平成4年（1992）に追加。
30	ブロモホルム	0.09mg/L以下	健康	消毒副生成物	平成4年（1992）に追加。
31	ホルムアルデヒド	0.08mg/L以下	健康	消毒副生成物	平成15年（2003）に追加。
32	亜鉛及びその化合物	亜鉛の量に関して、1.0mg/L以下	生活支障（味、色）		
33	アルミニウム及びその化合物	アルミニウムの量に関して、0.2mg/L以下	生活支障（色）		
34	鉄及びその化合物	鉄の量に関して、0.3mg/L以下	生活支障（味、色）		平成15年（2003）に追加。
35	銅及びその化合物	銅の量に関して、1.0mg/L以下	生活支障（色）		
36	ナトリウム及びその化合物	ナトリウムの量に関して、200mg/L以下	生活支障（味）		平成4年（1992）に追加。
37	マンガン及びその化合物	マンガンの量に関して、0.05mg/L以下	生活支障（色）		制定当初（昭和33年（1958））マンガン：0.3ppmをこえてはならない。平成15年（2003）より現行基準値。
38	塩化物イオン	200mg/L以下	生活支障		
39	カルシウム、マグネシウム等（硬度）	300mg/L以下	生活支障（石けんの泡立ちに影響防止）		
40	蒸発残留物	500mg/L以下	生活支障（味）		
41	陰イオン界面活性剤	0.2mg/L以下	生活支障（発泡）		昭和41年（1966）に0.5mg/Lで追加。平成4年（1992）より現行基準値。
42	ジェオスミン	0.00001mg/L以下	生活支障（臭気）		平成15年（2003）に追加。
43	2-メチルイソボルネオール	0.00001mg/L以下	生活支障（臭気）	略称2-MIB	平成15年（2003）に追加。
44	非イオン界面活性剤	0.02mg/L以下	生活支障（発泡）		平成15年（2003）に追加。
45	フェノール類	フェノールの量に換算して、0.005mg/L以下	生活支障（臭気）		
46	有機物（全有機炭素（TOC）の量）	3mg/L以下	生活支障（基本指標）		制定当初（昭和33年（1958））過マンガン酸カリウム消費量：10ppmをこえてはならない。平成15年（2003）全有機炭素量：5mg/L以下に変更。平成21年（2009）より現行基準値。
47	pH値	5.8以上8.6以下	生活支障（腐食）		
48	味	異常でないこと	生活支障（基本指標）		
49	臭気	異常でないこと	生活支障（基本指標）		
50	色度	5度以下	生活支障（基本指標）		
51	濁度	2度以下	生活支障（基本指標）		

*) ppmとmg/L、検出してはならないと検出されないこと、こえてはならないと以下であること、など表記上等の変更は記載していない。
**) 記載のないものは水道法制定当初（昭和33年（1958））から表記以外の変更はないもの

水道法ガイドブック
－令和元年度－

2020年12月5日　第1刷版発行

監　修　水道法制研究会

発行者　西原　一裕

発行所　水道産業新聞社

　　　　東京都港区西新橋3-5-2　電話　(03)6435-764

印刷・製本　瞬報社写真印刷株式会社

定価　本体1,700円（税別）

ISBN978-4-909595-07-2　C3051　¥1700E